AF548200

Gergely Bajzáth/Tobias Zoporowski

Praxishandbuch Motormöbel

Schöner wohnen für Technikfans

Impressum

HEEL Verlag GmbH
Gut Pottscheidt
53639 Königswinter
Tel.: 02223 9230-0
Fax: 02223 9230-26
E-Mail: info@heel-verlag.de
Internet: www.heel-verlag.de

Deutsche Ausgabe:
© 2018 HEEL Verlag GmbH

Der Originaltitel „How to build Your engine coffee table“ ist erschienen bei:
Veloce Publishing Ltd.
Parkway Farm Business Park,
Middle Farm Way
Dorchester DT1 3AR
England

© 2016 Gergely Bajzáth und Veloce Publishing Ltd.

Alle Rechte, auch die des Nachdrucks, der Wiedergabe in jeder Form und der Übersetzung in andere Sprachen, behält sich der Herausgeber vor. Es ist ohne schriftliche Genehmigung des Verlages nicht erlaubt, das Buch und Teile daraus auf fotomechanischem Weg zu vervielfältigen oder unter Verwendung elektronischer bzw. mechanischer Systeme zu speichern, systematisch auszuwerten oder zu verbreiten. Ebenso untersagt ist die Erfassung und Nutzung auf Netzwerken, inklusive Internet, oder die Verbreitung des Werkes auf Portalen wie Googlebooks. Alle Angaben ohne Gewähr!

Übersetzung aus dem Englischen: Tobias Zoporowski

Redaktion: Tobias Zoporowski

Fotos: Gergely Bajzáth, Andreas Einsiedel, ferdinand design, Garage Meilenweit, more2home, Jürgen Schlegelmilch, Martin Schlund, Jan Strunk

Lektorat: Jürgen Schlegelmilch, Jost Neßhöver

Umschlag: HEEL Verlag GmbH, Ralph Handmann

Satz und Gestaltung der deutschen Ausgabe: F5 Mediengestaltung, Ralf Kolmsee, Bonn

Printed in Slovenia

ISBN: 978-3-95843-705-0

Warnhinweis:

Dieses Buch soll Hilfe zur Selbsthilfe sein. Die technischen Ratschläge entsprechen möglicherweise nicht immer den üblichen Handwerksregeln.
Für etliche technische Ratschläge in diesem Buch wird handwerkliches Grundwissen vorausgesetzt, ohne das man die entsprechenden Arbeiten nicht angehen soll.
Im Zweifelsfall sollte man zuvor einen geschulten Spezialisten zu Rate ziehen und die Arbeiten nicht selbst erledigen.
Etliche Ratschläge können bei fehlerhafter Ausführung unter bestimmten Umständen zu erheblichen Folgeschäden führen.
Autoren, Übersetzer und Verlag lehnen ausdrücklich jede Haftung für die veröffentlichten Arbeitsanweisungen und daraus gefolgerte Schlüsse ab. Für alle anhand dieses Buches ausgeführten Arbeiten übernimmt der Schrauber, Bastler oder Mechaniker das alleinige und uneingeschränkte Risiko. Ebenso ist die Haftung von Autoren, Übersetzer und Verlag für Druckfehler, Schreibfehler und sachliche Fehler jeder Art ausdrücklich ausgeschlossen.

EDITION OLDTIMER MARKT

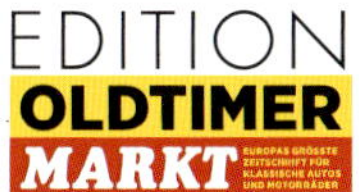

Gergely Bajzáth/Tobias Zoporowski

Praxishandbuch

Motormöbel

Schöner wohnen für Technikfans

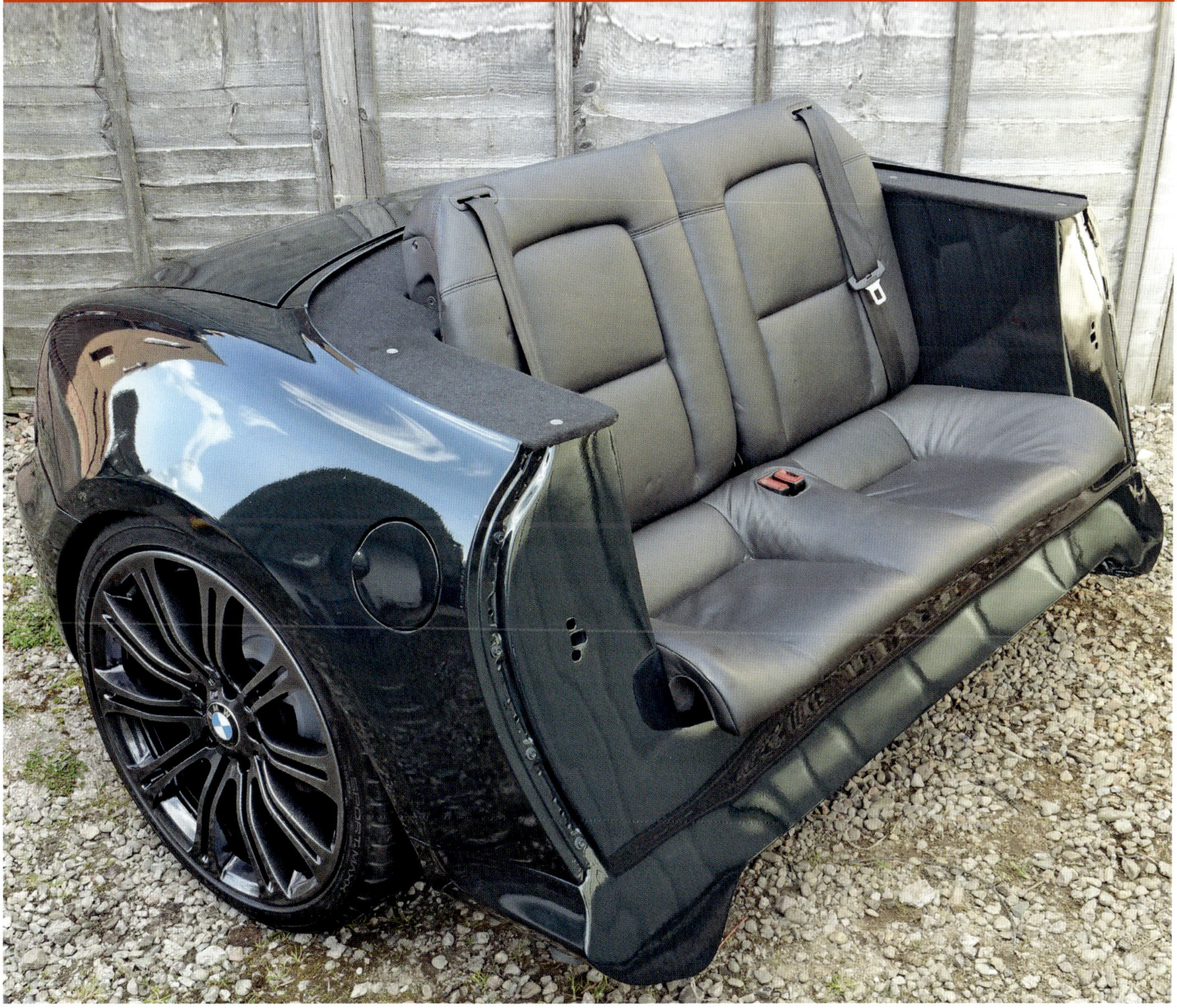

HEEL

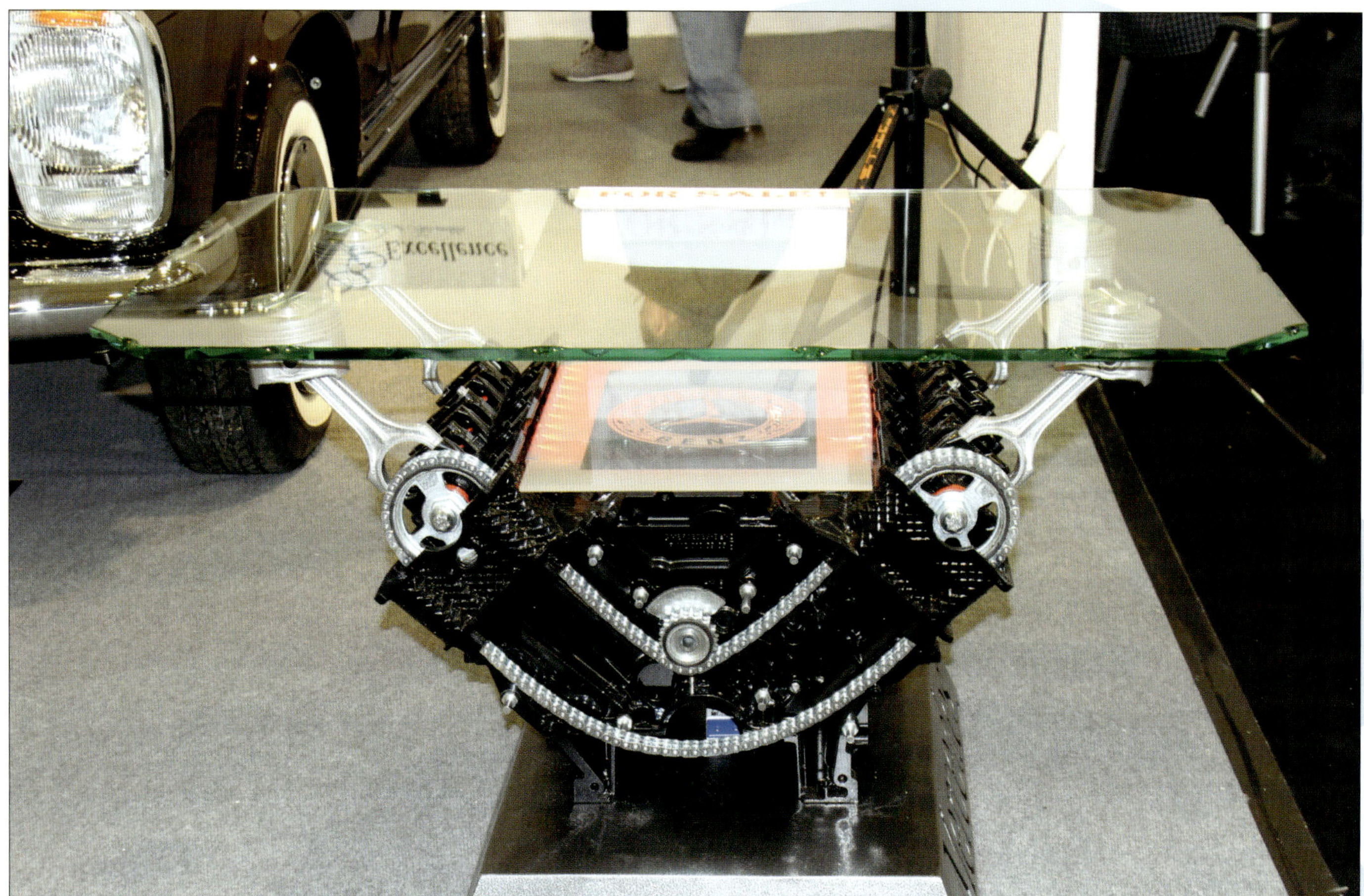

Ein Motorblock als Fuß eines außergewöhnlichen Wohnzimmertisches, der garantiert alle Blicke auf sich zieht? In einem Bett schlafen, das einmal ein echtes Auto war? Motormöbel dieser Art hat es immer mal wieder gegeben, in der jüngsten Vergangenheit ist jedoch ein veritabler Wohntrend zur Einrichtung mit einst mobiler, nun immobilisierter Technik entstanden.

Fahrzeugteile, die einmal eine ganz andere Funktion erfüllten, werden zu Tischen, Betten, Sofas, Regalen oder Lichtobjekten mit ganz eigenem Flair – und begeistern nicht nur gusseiserne Autofans mit reichlich Benzin im Blut, sondern längst auch trendbewusste Menschen mit einem Hang zu extravaganten Einrichtungsgegenständen.

Es gibt zweierlei Weg zum eigenen Motormöbel: Versierte Selbstmacher schaffen sich mit Lust und Spaß und mitunter mit viel Geduld und Fleiß ihr ganz persönliches Einrichtungsstück. Und dann sind da die Profis, die im Auftrag ihrer Kunden schicke Motormöbel herstellen.

Namentlich Letztere setzen sich mit ihrem kreativen Tun allerdings auch immer wieder der Kritik aus der Oldtimerszene aus. Ihnen wird vorgeworfen, sie verschwendeten seltene und somit wertvolle historische Autoteile als Mobiliar, statt es für den Erhalt der Fahrfähigkeit schöner alter Autos zu bewahren. Die Recherchen zu diesem Buch haben jedoch ergeben: Kein einziger der hier vorgestellten Automöbel-Profis verwendet Teile oder schlachtet gar Komplettfahrzeuge, die den Wiederaufbau lohnten. Im Gegenteil: In den allermeisten Fällen ist die Ausgangsbasis für ein schmuckes Möbelstück schlicht und ergreifend Schrott.

Aber urteilen Sie selbst. Wir lehnen uns wohl nicht zu weit aus dem Fenster, wenn wir das „Upcycling" eines endverbrauchten Teils oder Fahrzeuges eine geradezu lobenswerte Nachhaltigkeitsmaßnahme nennen. Immerhin bleibt so die Schönheit der ansonsten toten Technik aufs Trefflichste sichtbar und verbreitet in einem zweitem Leben viel Wohnfreude.

In diesem Buch lernen Sie, wie Sie aus einem alten Motor einen repräsentativen Tisch bauen können. Außerdem erfahren Sie, welche Fertigkeiten und Werkzeuge erforderlich sind und wo Sie die Arbeiten am besten erledigen.

Im zweiten Teil des Buches zeigen wir, was sonst noch geht. Im Grunde gibt es kaum ein Fahrzeugteil, das sich nicht in anderer Funktion wiederbeleben und weiterverwenden ließe. Lassen Sie sich verblüffen von der Kreativität all derer, die aus Fensterkurbeln die schicksten Garderobenhaken, aus Mofatanks Beistelltischchen und aus Handschuhfächern Kommödchen machen. Ob Sie es selbst versuchen möchten oder den Kauf eines Automöbels in Erwägung ziehen – lassen Sie sich von „Motormöbel – Schöner Wohnen für Technikfans" inspirieren!

Whatever
you do,
do it
WELL.

Ich liebe Autos, seitdem ich denken kann. Nach Schulschluss verbrachte ich die meiste Zeit mit meinem Vater, der daheim Autos reparierte. Eine meiner schönsten Erinnerungen an diese Zeit ist die, als er mich zum ersten Mal ein Auto fahren ließ. Ich war so klein, dass ich auf einem Erste-Hilfe-Kasten sitzen musste.

In meiner Klasse gab es viele Benzinverrückte, und wir redeten stundenlang über Autos. Dann machte ich meinen Führerschein und hatte mein erstes Auto, noch bevor ich die Schule beendete.

Nach meiner Schulzeit arbeitete ich als Metallbauer in mehreren Firmen und sammelte reichlich Erfahrung in Metallbearbeitung. Was ich an Geld übrig hatte, steckte ich in gebrauchte Autos. Allerdings sorgte mein ziemlich begrenztes Wissen – kombiniert mit einer guten Portion Pech – dafür, dass ich immer an Exemplare geriet, die ausgesprochen reparaturbedürftig waren. Das Pech ist mir leider treu geblieben.

Als ich 2011 einen Alfa Romeo GTV V6 kaufte, gab die Zylinderkopfdichtung in dem Moment auf, in dem ich zuhause ankam. Also tauschte ich den Motor aus und brachte den Alfa wieder zurück auf die Straße. Der alte Motor aber lag in meinem Garten herum. Die Idee, aus ihm einen Tisch zu bauen, kam entweder von meiner Frau oder von einem Freund aus dem Alfa-Club – ich kann mich im Nachhinein nicht mehr ganz genau daran erinnern, wer zuerst davon sprach.

So baute ich den ersten Motortisch für mich selbst, und er fand seinen Platz in unserem Wohnzimmer. Kurz darauf verkaufte ich den Alfa, und um das Angebot attraktiver zu gestalten, war besagter Tisch im Kaufpreis enthalten. Zu meiner Überraschung wollten alle den Tisch, aber nicht das Auto. Am Ende wurde der Alfa dann doch verkauft, und ich fasste den Plan, einen weiteren Tisch zu bauen – diesmal, um ihn zu verkaufen.

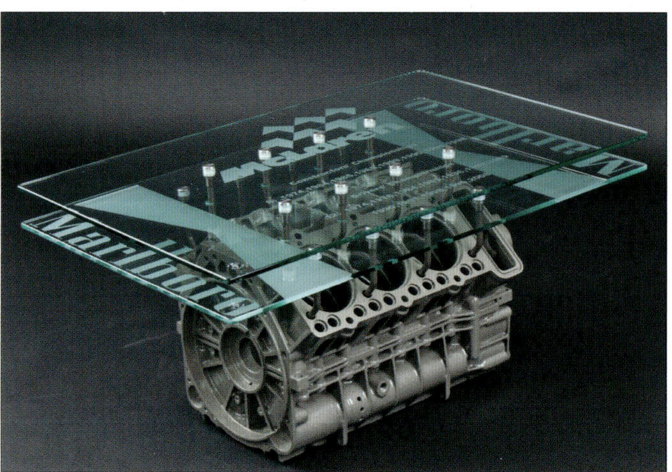

Für das neue Projekt verwendete ich den Motor eines BMW M3, den ich aus einer örtlichen Werkstatt bekam. Es war Winter, also musste ich aufgrund der niedrigen Temperaturen etwas improvisieren und funktionierte das Gästezimmer kurzerhand zur Lackierkabine um – natürlich mit der Folge, dass unser gesamtes Haus nach Farbe roch. Den BMW-Tisch konnte ich glücklicherweise sehr schnell verkaufen, und so nahm meine Geschäftsidee Fahrt auf.

Ich habe immer versucht, möglichst verschiedene Motortypen zu verwenden, etwa V4-, Boxer- und Reihenvierzylinder-Aggregate. Inzwischen sind es mehr als 40 Tische geworden, aber auch andere Motormöbel, etwa ein Kinderkörbchen aus einem V8-Motor oder ein Waschbecken aus einer Ferrari-Ölwanne. Ich bin stets auf der Suche nach neuen Herausforderungen.

Viele davon habe ich via Facebook und auf meiner Webseite veröffentlicht. Über die Jahre haben mich viele Leute gefragt, wie man einen Motortisch selbst bauen kann. In diesem Buch habe ich alle Informationen zusammengetragen, die Sie dafür benötigen.

Gergely Bajzáth

Danksagung

Zunächst möchte ich mich bei Brian Edwards bedanken, der das Manuskript gegengelesen und einige hervorragende Verbesserungen eingebracht hat; bei László Berhát für das Layout und die Gestaltung des Buches und bei Danny Yau Photography für seine Fotos, die ich benutzt habe. Alle übrigen Bildrechte liegen beim Autor.

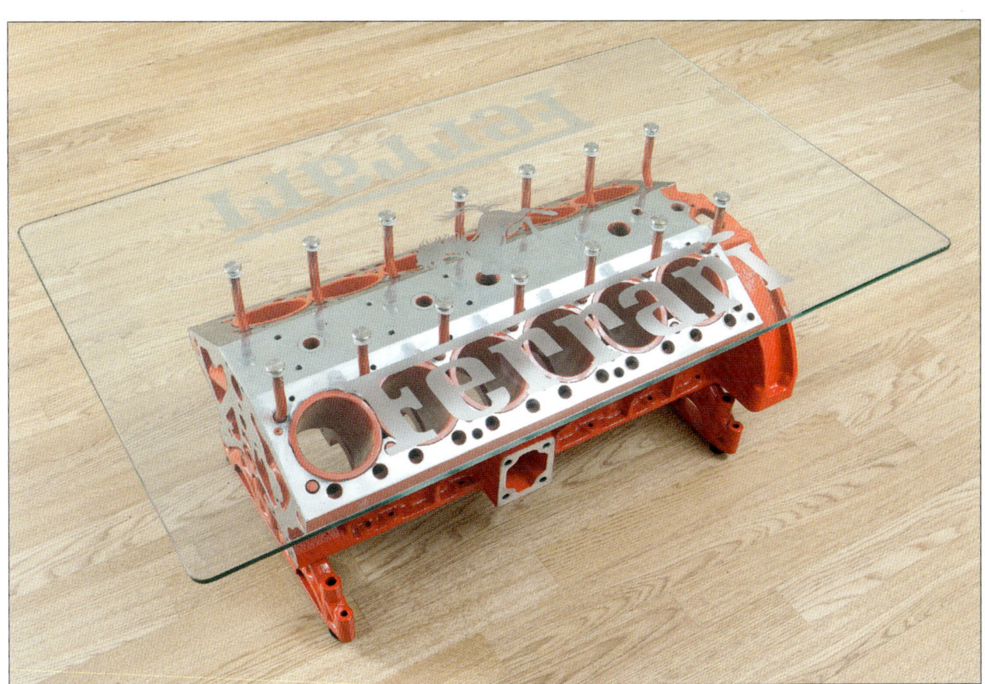

TEIL 1: DER MOTORTISCH

Erste Schritte: Wie Sie an ein Möbelprojekt herangehen

Die wichtigste Frage zuerst: Trauen Sie sich diese Arbeit zu? Um einen Motor-Tisch zu bauen, benötigen Sie einen geeigneten Ort, einige Werkzeuge und eine gewisse Übung im Umgang damit.

Der beste Platz für ein solches Projekt ist eine Garage oder ein Unterstand in etwa der Größe eines halben Autos. Eine stabile Werkbank oder ein Motorständer sollten vorhanden sein, um Ihren Rücken zu schonen und sicheres Arbeiten zu gewährleisten. Mein erster Arbeitstisch bestand aus ein paar übereinander gestapelten und verschraubten Paletten mit einer darauf befestigten massiven Holzarbeitsplatte.

Ein Motorkran kann sehr hilfreich sein, wenn Sie den Motor bewegen müssen. Ein paar starke Helfer erfüllen denselben Zweck.

So Sie vorhaben, den Motor am selben Ort auch zu lackieren, sollte es dort trocken und warm sein. Die Rede ist hier von der Decklackierung des Tischfußes.

Der Arbeitsplatz, an dem das Projekt realisiert wird, sollte natürlich auch über Stromanschlüsse für Licht und elektrische Werkzeuge verfügen.

Für die anfallenden Arbeiten werden manuelle und elektrische Werkzeuge benötigt. Dazu gehören Schraubendreher, Schraubenschlüssel und Stecknüsse sowie weiteres Werkzeug, das sich wohl in den meisten Werkzeugkästen findet. Bedenken Sie, dass für bestimmte Motoren unter Umständen Spezialwerkzeug zum Zerlegen erforderlich ist.

Wie stets gilt der alte Grundsatz: Nur mit gutem Werkzeug kann man gut arbeiten! Mit großer Wahrscheinlichkeit wird der verwendete Motor ein paar Jahre auf dem Buckel haben, Schrauben und Muttern könnten ausgesprochen fest sitzen.

Eine kräftige und drehzahlregelbare Bohrmaschine sowie hochwertige Bohrer sind ein Muss. Sie werden Gewinde schneiden müssen, und da sollten die Bohrungen perfekt sitzen. Auch bei den Gewindeschneidern sollte es sich um gute Ware handeln. Die Motoren sind aus Grauguss oder aus Aluminium und stellen somit keine extremen Anforderungen, aber ich rate dennoch, das beste Werkzeug zu benutzen, das Sie sich leisten können.

Ebenfalls eine sinnvolle Ergänzung des Werkzeugbestands für das Projekt Motormöbel ist eine handliche Schleifmaschine mit Aufnahmen für Trenn- und Schleifscheiben sowie für Drahtbürsten.

SICHERHEIT

In Ihrem eigenen Interesse: Achten Sie unbedingt auf Arbeitssicherheit! Tragen Sie bei der Arbeit immer Sicherheitskleidung wie Handschuhe, Schutzbrille und Gehörschutz. Unfälle sind schlimm genug, werden Ihnen aber womöglich auch noch den ganzen Spaß an der Sache nehmen. Sie haben nur je ein Paar Augen und Ohren, und es lebt sich auch besser mit allen zehn Fingern **– Leute, denkt an die Sicherheit!**

Seien Sie ehrlich zu sich: Übersteigt der nächste Schritt vielleicht Ihre Fähigkeiten? Gibt es Freunde oder Familienangehörige, die Ihnen ansonsten helfen können?

Im besten Fall sind Ihnen die Schrauberarbeiten vertraut. Sie sollten in der Lage sein, einen Automotor zu zerlegen, präzise Messungen vorzunehmen, zu bohren und Gewinde zu schneiden und Teile wieder zusammenzubauen. Fragen Sie am Anfang besser einmal mehr, anstatt hinterher teure Ersatzteile oder – im schlimmsten Fall – gleich einen weiteren Motorblock kaufen zu müssen. Sie sollten sicherstellen können, dass von Ihrem selbst gebauten Motormöbel keine Verletzungsgefahr ausgeht – ein Motorblock ist schwer, und eine beschädigte oder gesplitterte Glasplatte kann böse Folgen verursachen.

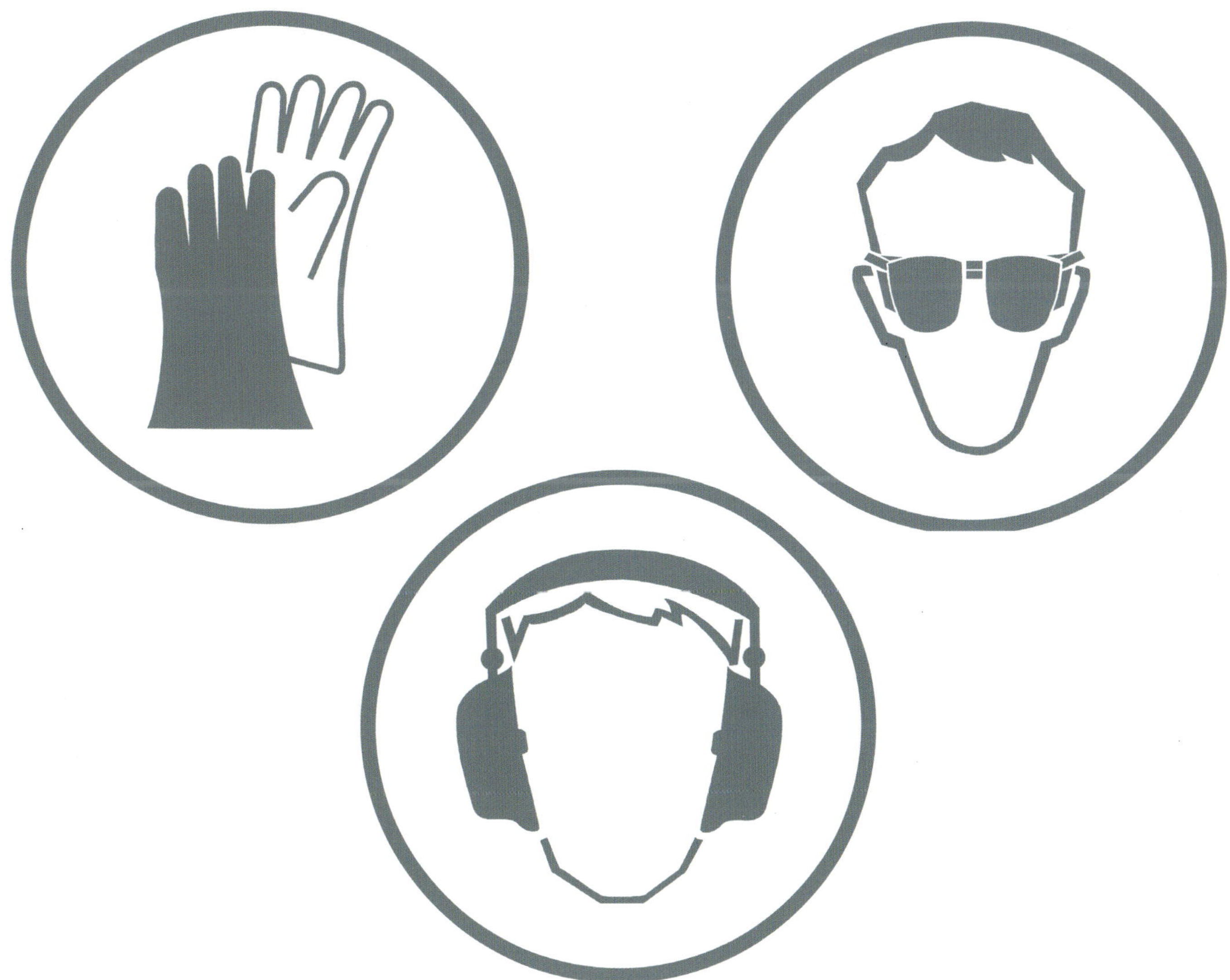

So, nun kann es losgehen. Der erste Schritt: Suchen Sie sich den passenden Motor.

Die Auswahl des richtigen Motors

Motormöbel sind schon aus den verschiedensten Triebwerkstypen gebaut worden. Ob Sie sich für einen V-, Reihen-, Boxer-, Wankel- oder gar Sternmotor entscheiden, wird nicht nur von Ihrem Budget abhängen, sondern eventuell auch von Ihrem Interesse für einen bestimmten Motor- oder Fahrzeugtyp.

Der Tisch, den Sie bauen, wird das Zentrum Ihres Wohnzimmers sein! Er wird immer ein Gesprächsthema sein – achten Sie also darauf, dass Sie mit Ihrer Wahl glücklich bleiben.

V6- und V8-Motoren eignen sich für ein solches Projekt sehr gut. Sie sehen eindrucksvoll aus, und es lässt

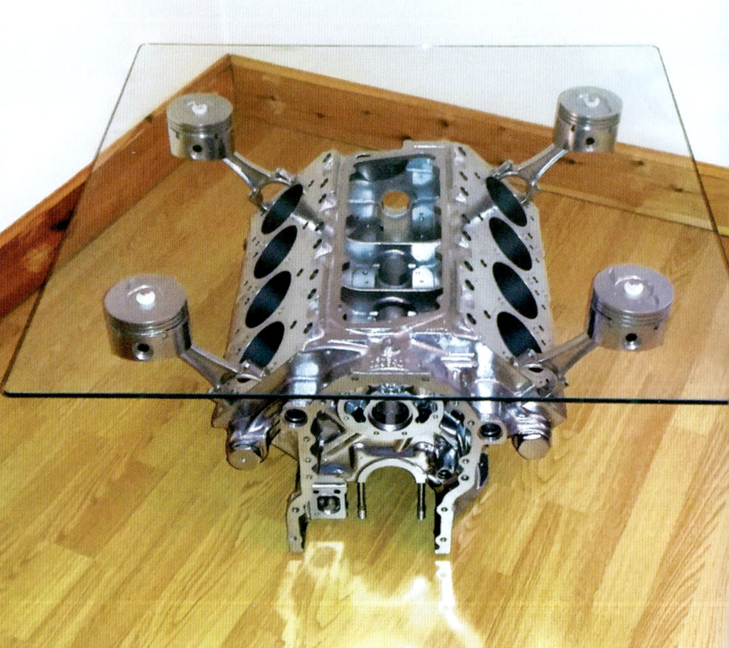

sich gut mit ihnen arbeiten. Sie sind recht gut zu bekommen und selbst in verbrauchtem Zustand immer noch bestens geeignet für ein Motormöbel.

Bei der Suche nach dem Motor sollten Sie auch auf das Material achten, aus dem er gefertigt wurde

Alte V6-Motoren bestehen meistens aus Grauguss, bringen also von Hause aus reichlich Masse mit. Das Gewicht erschwert natürlich die Arbeit, weil der Motor immer wieder bewegt werden muss. Einige sehr beliebte Motoren aus Gusseisen sind Ford-V6 (Essex), Volkswagen VR6, Land Rover Diesel-V8 und natürlich V8 aus US-Cars. Sie alle sind gute Ausgangsbasen für ein Motormöbel-Projekt.

Moderne V6- und auch fast alle modernen V8-Motoren bestehen aus Aluminium. Dieser Werkstoff ist leichter zu bearbeiten, denn Aluminium ist deutlich weicher als Grauguss. Bohren und Gewindeschneiden etwa machen weniger Mühe. Nicht zu unterschätzen ist auch die Tatsache, dass ein Alumotor leichter ist. Beliebte Aluminiumtriebwerke sind moderne V6 und V8 von Ford, Jaguar, BMW, Mercedes und Rover.

Es gibt viele Wege zum passenden Motor. Das Internet ist hier natürlich eine exzellente Quelle: Speziell Auktionsplattformen wie Ebay, auf denen Anbieter oft sogar die Lieferung zu einem überschaubaren Preis einkalkulieren, oder Portale wie Ebay Kleinanzeigen halten ein großes Angebot bereit.

Wenn es bei Ihnen in der Nähe einen Schrottplatz gibt, sollten Sie es unbedingt auch dort versuchen. Dort lassen sich mitunter Schnäppchen machen, und mit etwas Verhandlungsgeschick und Höflichkeit werden Ihnen die Mitarbeiter des Platzes vielleicht auch alle Anbauteile wie Zylinderköpfe, Lichtmaschine und Drosselklappengehäuse abmontieren, die Sie für Ihr Projekt gar nicht benötigen.

Autoverwerter, die sich auf einzelne Marken spezialisiert haben, sind ebenfalls eine gute Anlaufadresse: Auch dort gibt es verbrauchte, aber für unsere Projekte immer noch bestens geeignete – falls nicht ein Pleuel das Gehäuse durchschlagen hat – Motoren zum Schrottpreis.

Zerlegen des Motors

Sollten Sie in der glücklichen Lage sein, einen reinen Block plus einen Vierersatz Kolben und Pleuel ergattert oder bereits einen Motor komplett zerlegt zu haben, können Sie dieses Kapitel überspringen.

Zuerst muss das Öl abgelassen werden

Das ist der mit Abstand dreckigste Teil des Projekts: Öl, Öl und noch mehr Öl! Alle Werkzeuge werden in Motoröl gebadet sein, wenn diese Arbeit erledigt ist. Es spielt meist auch kaum eine Rolle, wenn Sie dem Öl richtig viel Zeit geben um abzulaufen.

Lagern Sie den Motor auf einem Tisch oder befestigen Sie ihn an einem geeigneten Ständer. Vorab sollte der Arbeitsplatz (Werkstattboden oder Werkbank) mit Pappkarton oder Lappen ausgelegt werden, damit sich alle Ölreste auffangen lassen. Dann stellen Sie ein geeignetes Auffangbehältnis bereit und öffnen die Ablassschraube. Es ist übrigens nicht nötig, so lange zu warten, bis der Motor scheinbar leergelaufen ist. Der letzte Rest Öl läuft sowieso erst aus dem Aggregat, wenn Sie es später umdrehen.

Im nächsten Schritt wird die Ölwanne entfernt. Es gilt, eine Menge Schrauben zu lösen, in der Regel geht das aber recht einfach. Mit Sicherheit befindet sich noch ein ordentlicher Rest Öl in der Wanne, also vorsichtig arbeiten! Sie sollten spätestens jetzt eine große saugfähige Matte, einen Karton oder Ähnliches unter den Motor legen.

Sodann werden die Nebenaggregate demontiert: die Servopumpe, die Lichtmaschine, der Klimakompressor, der Anlasser und die Motorlager. Sollte etwas in brauchbarem Zustand sein, lässt es sich noch verkaufen.

Nun widmen wir uns der Vorderseite des Motors: Kettenspanner, Riemenscheiben und weiteres sind mitunter schwierig zu lösen, wenn die Befestigungsschrauben festsitzen.

Das gilt besonders für die Kurbelwellenschraube: Sie sitzt extrem fest, und da sie in der Regel mit Sicherungslack eingesetzt wurde, ist sie von Hand praktisch nicht zu lösen. Es gibt nun zwei Möglichkeiten: Entweder Sie versuchen es mit einem Schlagschrauber oder Sie erhitzen die Schraube und das Ende der Kurbelwelle vorsichtig mit einem Brenner. Benutzen Sie eine Verlängerung als Hebel.

Bevor Sie die vorderen Zahnriemen-/Steuerkettenabdeckungen abschrauben, müssen Sie den Ventildeckel, die Zündkabel und die [illegible]kerzen entfernen. Wurde der Motor zuvor schon einmal umgedreht – etwa um die Ölwanne zu demontieren – wird sich im Ventildeckel noch Restöl befinden. Nachdem alle Umlenkrollen und Spanner entfernt sind, werden die Abdeckungen sich leicht lösen lassen. Die Steuerkette wird von Spannern strammgehalten. Nachdem sie ausgebaut sind, lässt sie sich abnehmen.

Je nach Motortyp müssen Sie möglicherweise die Nockenwelle ausbauen, bevor Sie an die Zylinderkopfschrauben herankommen. Die werden mit sehr großem Drehmoment festgezogen, sodass sich das Lösen recht schwierig gestalten kann. Ein Luftdruck-Schlagschrauber kann die Arbeit sehr erleichtern. Nachdem die Schrauben alle entfernt wurden, kann der Kopf abgenommen werden. ***Vorsicht:*** In manchen Fällen ist die Zylinderkopfdichtung festgebacken. Dann lässt sich der Kopf nur mit Schlägen mit dem Gummihammer lösen.

Achtung: Ein Zylinderkopf ist schwer, vor allem wenn Abgaskrümmer und Ventiltrieb noch montiert sind. Nicht fallen lassen! Sollen die Köpfe noch verkauft oder aufgearbeitet werden, ist der beste Lagerort eine verschließbare Kunststoffbox.

Drehen Sie nun den Motor um und demontieren Sie die Pleuel von der Kurbelwelle. In dieser Motorposition sind nur einige Pleuelenden gut zugänglich. Sind sie ausgebaut, drehen Sie die Kurbelwelle und entfernen Sie die restlichen Pleuellager. Möglicherweise müssen Sie den Motor ein drittes Mal herumdrehen. Dann lassen sich die Pleuel samt Kolben durch die Zylinderöffnungen nach oben herausnehmen. Achten Sie darauf, dass die Kolben nicht herunterfallen; sie sind aus Aluminium und können Schaden nehmen.

Sind alle Pleuel und Kolben demontiert, können Sie damit beginnen, die Schrauben der Hauptlager zu entfernen. Verfügt der Motorblock über seitliche Befesti-

Nach getaner Arbeit müssen die verölten Pappen, Lappen und Unterlagen fachgerecht entsorgt werden.

Wenn bis hierhin alles nach Plan verlaufen ist, sind Motorblock, Kolben und Pleuel nun bereit zur Reinigung. Der einfachste Weg: Lassen Sie das eine Motorinstandsetzungsbetrieb erledigen. Dort sind industrielle Teilereiniger im Einsatz, bei denen die Rückstände gleich fachgerecht entsorgt werden. Ansonsten ist der Hochdruckreiniger das ideale Hilfsmittel. Allerdings müssen Sie aufpassen: Die Reinigung darf nur an einer dafür vorgesehenen und genehmigten Stelle vorgenommen werden, wo auch die Umweltschutzbestimmungen eingehalten werden. Altöl schadet der Umwelt!

Ist der Motorblock sehr schmutzig und verölt, sollten Sie ihn mit einem entfettenden Mittel behandeln, bevor Sie ihn reinigen. Wahrscheinlich wollen auch die Kolben aufwändig gesäubert sein. Da kann eine Drahtbürste (elektrisch oder manuell) hilfreiche Dienste leisten (Schutzbrille tragen!), um Verbrennungsrückstände und Ablagerungen vollständig zu entfernen.

gungsschrauben für die Schalen der Hauptlager, entfernen Sie diese ebenfalls.

Manche Kurbelgehäuse bestehen aus zwei Hälften, wobei die Kurbelwellenlager in der unteren Hälfte angeordnet sind. In diesem Fall können Sie sich später entscheiden, wie hoch der Tisch werden soll, indem die untere Hälfte notfalls abgebaut wird.

Vorbereitungen

Gute Vorbereitung ist bekanntlich der Schlüssel zum Erfolg. In diesem Kapitel wird erklärt, wie Sie Ihren Motortisch einfach bauen und sicher machen können.

Zunächst müssen Sie dafür sorgen, dass der Tisch so stabil wie nur möglich wird: Der Motorblock selbst und die Glasplatte haben beide ein sehr hohes Eigengewicht. Die Gefahr, die von unzureichender Befestigung der Platte oder nicht ausreichender Standfestigkeit des Tischs ausgeht, darf auf keinen Fall unterschätzt werden. Natürlich sollte – besonders in Mietwohnungen – dafür gesorgt sein, dass der Tisch keine bleibenden Spuren auf Parkett, Laminat oder Teppichboden hinterlässt.

Beginnen Sie an der unteren Hälfte des Motorblocks und bohren Sie Löcher für die Füße des Tisches. Bewährt haben haben sich Gummifüße unter jeder Ecke. Die Gummifüße sorgen dafür, dass sich der Tisch nicht so leicht verschieben lässt und dass am Aufstellort der Boden unbeschädigt bleibt. Der schwere Block würde im direkten Bodenkontakt Schäden anrichten.

Es ist dennoch sehr wichtig, den Motor sehr bodennah aufzustellen – je tiefer der Schwerpunkt, desto stabiler steht der Tisch. Am besten eignen sich die kürzesten Gummifüße, die Sie bekommen können. Um die Höhe des Tisches anzupassen, können Sie später recht einfach die Kolben höher montieren, die die Platte tragen.

Benutzen Sie nicht zu weiche Füße. Sie sollten sich nicht gleich auflösen, wird der Tisch einmal verschoben, oder unter dem Gewicht gleichsam in die Knie gehen.

Nun bohren Sie vier Löcher in die Ecken der Motorunterseite und schneiden Gewinde. Mit etwas Glück lassen sich die Gewinde der Ölwannenschrauben nutzen. Schrauben der Größe M6 eignen sich zur Befesti-

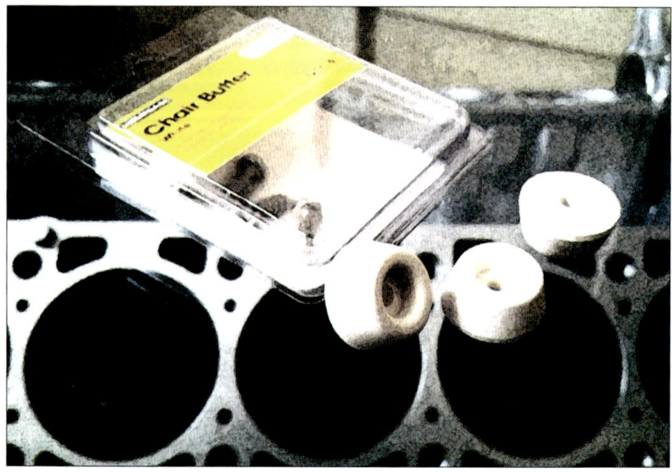

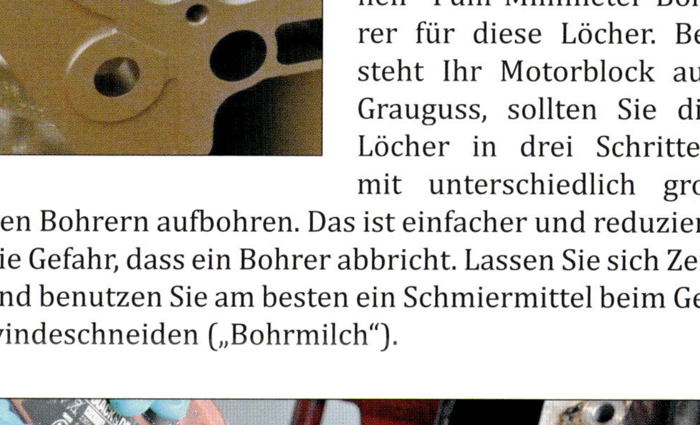

gung der Füße am besten – klein genug für die Füße, aber robust genug, die Last zu tragen. Sie benötigen einen Fünf-Millimeter-Bohrer für diese Löcher. Besteht Ihr Motorblock aus Grauguss, sollten Sie die Löcher in drei Schritten mit unterschiedlich großen Bohrern aufbohren. Das ist einfacher und reduziert die Gefahr, dass ein Bohrer abbricht. Lassen Sie sich Zeit und benutzen Sie am besten ein Schmiermittel beim Gewindeschneiden („Bohrmilch").

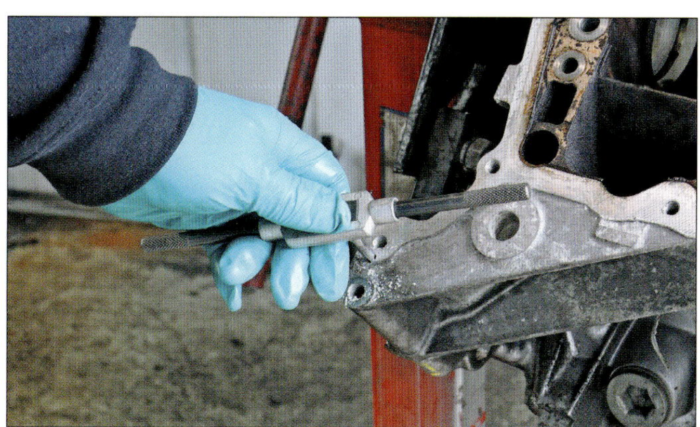

Sind die Gewinde geschnitten, probieren Sie aus, ob die Schrauben sich eindrehen lassen. Lassen Sie die Schrauben am Platz, bis Sie den Motor fertig lackiert haben. So dringt kein Lack in die Bohrlöcher.

Drehen Sie nun den Motor um – sofern er nicht an einem Motorständer befestigt ist, kann bei dem Prozedere ein Helfer nicht schaden. Bei dem hier verwendeten V8 werden anschließend die Auflageflächen der Zylinderköpfe kontrolliert. Sie sollten möglichst plan sein. Es kann sein, dass der Motorblock einmal geplant, also abgefräst wurde. Prüfen Sie das Niveau der Auflageflächen. Der Abstand von der Block-Unterkante sollte gleich sein.

In nächsten Schritt werden Kolben und Pleuel angepasst. Sie benötigen an jeder Ecke ein Pleuel, damit die Auflagepunkte für die Glasplatte – für größtmögliche Stabilität – so weit auseinander liegen wie möglich. Alle Pleuel werden mit je zwei M6-Schrauben fixiert, so sitzen sie sicher und stabil. Zunächst messen Sie den Abstand zwischen den beiden Schraublöchern (jeweils von Lochmittelpunkt zu Lochmittelpunkt) am Pleuel (siehe Abbildung unten). Es ist extrem wichtig, dass die Löcher, die Sie in den Motorblock bohren, in exakt die-

sem Abstand zueinander gesetzt werden. Beachten Sie: Es gibt später keine Möglichkeit mehr, mit den Positionen der einzelnen Pleuel zu experimentieren, wenn Sie die Glasplatte anpassen.

Ein V-Motor hat den Vorteil, dass sich beide Zylinderbänke auf gleicher Höhe befinden. Das erleichtert die Höheneinstellung der Pleuel. Sie müssen nur den gleichen Abstand bis zur Oberkante der Zylinderbohrung herstellen.

Die Oberflächen der Zylinderbänke sind von Öffnungen der Wasser- und Ölkanäle durchsetzt. Achten Sie darauf, dass Sie keine Bohrlöcher in diese Kanäle treiben. Insgesamt werden vier Lochpaare gebohrt. Sie alle müssen im selben Abstand und in derselben Entfernung von den Zylinderbohrungen sitzen. Alle Löcher müssen exakt senkrecht zur Oberfläche sitzen und paarweise exakt zu den Bohrungen im Pleuel sein.

Markieren Sie die Loch-Positionen und geben Sie dem Bohrer mit einem Körnerschlag einen Ansatzpunkt. ***Vorsicht:*** Sie werden keine zweite Chance haben, also messen Sie lieber zweimal nach, bevor Sie den Bohrer ansetzen. Achten Sie beim Bohren darauf, dass Sie wirklich gerade und im exakten rechten Winkel zur Motoroberfläche arbeiten, sonst werden die Schrauben, die später die Pleuel halten sollen, schief sitzen. Bohren Sie so tief wie möglich ins Material und stellen Sie sicher, dass das Bohrloch die gesamte Länge der Schraube aufnehmen kann.

Jetzt können Sie die Kolben und Pleuel zur Montage vorbereiten. Zuerst entfernen Sie vorsichtig die Kolbenringe (***Achtung:*** Unter ihnen klebt immer Öl!). Das Abnehmen der Ringe ist an sich nicht schwierig, jedoch brechen sie gerne. Dann springen die Teile unkontrolliert davon. Passen Sie also auf Ihre Augen auf, und tragen Sie eine Schutzbrille!

Im nächsten Schritt schneiden Sie in den Pleuelfuß links und rechts Stufen als Auflagen für die Schraubenköpfe ein. Verwenden Sie dafür am besten eine Trennscheibe. Für diesen Arbeitsschritt wird das Pleuel sicher eingespannt. Die Auflagefläche muss parallel zur Pleuel-Unterseite sein, die ihrerseits plan sein muss (notfalls nachschleifen).

Um die Pleuel fest zu verschrauben, verwenden Sie am besten M6-Schrauben mit einer Länge von 40 Millimetern. Innensechskantschrauben aus rostfreiem Stahl sind besonders dekorativ, normale Sechskantschrauben erfüllen aber auch ihren Zweck. Auf keinen Fall die Unterlegscheiben aus Metall vergessen!

Nachdem alle Kolben und Pleuel angebracht sind, sieht Ihr Motor langsam aber sicher wie ein Tisch aus. Es fällt nicht schwer, ihn sich fertig lackiert und mit einer Glasplatte versehen vorzustellen. Aber: Es gibt noch eine Menge zu tun, und sie müssen sorgfältig weiterarbeiten, damit der Tisch später toll aussieht und sicher steht.

Um die Glasplatte sicher zu befestigen, sollten Sie sie auf den (Träger-)Kolben verschrauben. Das sieht professionell aus, und sie kann nicht verrutschen. Dazu müssen Sie die Oberseiten der Kolben mit Bohrungen versehen. Markieren Sie dafür bei jedem Kolben die Mitte des Kolbenbodens. Mit einem Fünf-Millimeter-Bohrer entstehen die Löcher für die M6-Gewinde.

Achtung: Bohren Sie mit größter Vorsicht – Kolben bestehen aus weichem Aluminium von höchstens 5 bis 6 Millimeter Materialstärke, da ist das „Verbohren" schnell passiert. Passen Sie auch beim Schneiden der Gewinde auf: Gerät der Schneider ins Stocken, wenden Sie bloß keine größere Kraft auf. Der Gewindeschneider könnte abbrechen.

Für den nächsten Schritt benötigen Sie Papier, einen Stift, eine Test-Glasplatte (diese sollte mindestens so groß sein, dass sie auf den vier Kolben aufliegt) und ein großes Winkelmaß, etwa einen Schreiner- oder Zimmermannswinkel. Platzieren Sie nun die Glasplatte auf den Kolbenenden und kontrollieren Sie den Abstand zwischen den Bohrlöchern. Die vier Kolben bilden kein exaktes Quadrat, weil die beiden Zylinderbänke etwas versetzt zueinander stehen. Legen Sie den Winkel mit der Ecke auf ein Bohrloch und richten ihn zum nächsten Bohrloch aus. So messen Sie den Abstand zwischen den Lochmittelpunkten. Das Ergebnis ist sehr wichtig für die Bestellung der Glasplatte, deshalb sollten Sie besonders sorgfältig messen. Nehmen Sie die Test-Glasplatte wieder ab und verschließen Sie alle später noch benötigten Gewindelöcher vorübergehend mit Schrauben, damit sie bei den folgenden Arbeitsschritten sauber bleiben.

Die Vorbereitungen sind nun abgeschlossen! Jetzt können Sie die Glasplatte beim Glaser in Auftrag geben und den passenden Lack für den Block aussuchen. Bis das Glas kommt, können Sie mit dem Lackieren fertig sein.

Die Glasplatte

Die Glasplatte macht nicht bloß den Tisch zum Tisch, sondern bringt den Motor darunter erst richtig zur Geltung. Vielen Menschen scheuen sich davor, Glasplatten zu verwenden, da sie ihnen nicht stabil genug erscheinen. Keine Sorge: Ist die Platte stark genug, ragt sie nicht zu weit über die Auflagepunkte hinaus und ist sie anständig befestigt, ist sie auch absolut sicher.

Sie sollten gehärtetes so genanntes Einscheiben-Sicherheitsglas verwenden. Sollte es brechen, zerfällt es in tausende kleine Krümel und verhindert so schwerwiegende Verletzungen und Beschädigungen.

Für den Tischbau ist eine Glasstärke von acht Millimetern genau richtig. Es ist ein wenig dicker als unbedingt erforderlich, aber dafür ist der Erbauer auf der sicheren Seite. Beauftragen Sie die Glaserei damit, Ecken und Kanten abzurunden. Mit einem Radius von etwa 15 Millimetern sehen die „runden Ecken" sehr gut aus. Die Glasplatte hat die ideale Größe, wenn sie nicht mehr als 100 bis 200 Millimeter über die Kolben hinausragt. Sind die Löcher, die Sie in die Oberseite der Kolben gebohrt haben, etwa 400 Millimeter voneinander entfernt, sollte die Platte ungefähr 400 + (2 x 150) = 700 Millimeter lang sein.

Verwenden Sie eine größere Platte, wird der Tisch später vielleicht unproportioniert aussehen. Bedenken Sie: Das zentrale Element des Tisches ist der Motor! Legen Sie eine zu große Platte auf, sieht der Motor darunter zu klein aus und die größeren Überhänge machen den Tisch unstabil. Benötigen Sie tatsächlich eine größere Glasplatte, sollten Sie lieber die Länge als die Breite vergrößern. Die Standfüße unter dem Motor wären so noch eher ausreichend weit voneinander positioniert, dass der Tisch sicher und stabil bleibt.

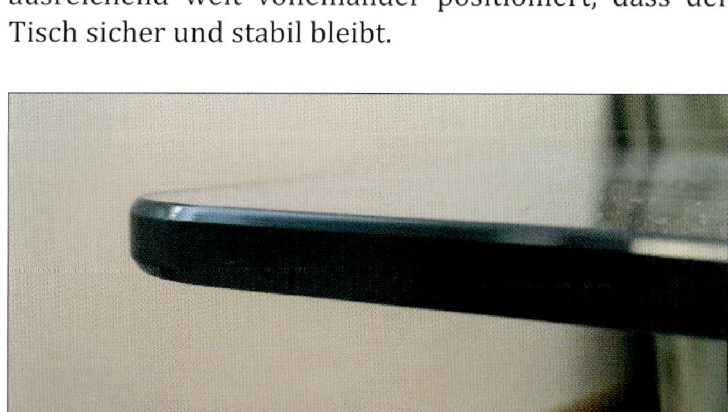

Übrigens ziehen manche Saugfüße den festen Verschraubungen zur Fixierung der Platte vor. Mal abgesehen davon, dass die Optik dadurch beeinträchtigt wird, bietet eine solche Lösung kaum ausreichenden Halt für die schwere Glasplatte. Die technisch beste Lösung ist also eine Schraubverbindung, und der finanzielle Aufwand für die Bohrungen hält sich in Grenzen.

Damit sich die Platte mit M6-Schrauben befestigen und sich auch noch etwas austarieren lässt, sollte der Glaser Löcher mit zehn Millimetern Durchmesser vorsehen.

Formulieren Sie den Arbeitsauftrag an die Glaserei so unmissverständlich wie möglich und vergessen Sie nicht, alle Abmessungen darin zu notieren. Legen Sie sich eine Kopie des Auftrages für Ihre Unterlagen zur Seite. Danach können Sie sich auf die Suche nach dem geeigneten Fachbetrieb begeben.

Glas-Veredelung

Wer seine Tischplatte noch mit einem Markenlogo oder einem Muster individualisieren möchte, hat auch hier wieder die Wahl zwischen Selbstmachen oder in Auftrag geben. Bevor die Glasplatte mit einem Strahlverfahren bearbeitet wird, muss eine Folie aufgebracht werden, um den Bereich zu schützen, der nicht mattiert werden soll. Dabei reicht das Angebot von fertigen Folien (www.ifoha.com/de/spezialfolien/selbstklebende-sandstrahlfolien-zum-strahlen-von-glas-und-stein.html) bis hin zu individuellen Motivfolien. Dazu lässt sich mit einem Grafik-Programm (etwa CorelDRAW) eine Vektor-Grafik anlegen und als Foto-Datei im EPS-Format abspeichern. Mit der lässt sich die gewünschte Folie bei diversen Anbietern (etwa www.glsgmbh.de) bestellen.

Als Strahlverfahren bietet sich das Sandstrahlen an. Ein 25-Kilo-Sack Quarzsand kostet rund 30 Euro. Auch feiner Edelkorund (z.B. F180-220) oder Normalkorund und Glasperlen sind geeignet. Zur Verarbeitung wird ein Kompressor mit einem Arbeitsdruck von etwa sieben bar und einem entsprechenden Vorratsbehälter mitsamt Wasserabscheider (!) benötigt. Druckluftbetriebene Sandstrahlpistolen werden ab rund 20 Euro angeboten.

Ganz wichtig bei allen Strahlarbeiten ist die persönliche Schutzausrüstung: Sehr guter Atemschutz, gute Schutzbrille, strapazierfähige Handschuhe und ein Lackiererschutzanzug sollten vorhanden sein – und selbstverständlich auch benutzt werden.

Eine Strahlkammer mit Absaugung und Materialauffang ist natürlich technisch gesehen das Optimum, allerdings auch keine zwingende Voraussetzung. Notfalls kann auch unter freiem Himmel im Garten gearbeitet werden.

Die Lackierung

Sie können den Motor selbst lackieren oder ihn zum Pulverbeschichten einem Fachbetrieb überlassen. Pulver bietet den Vorteil völlig gleichmäßig beschichteter Oberflächen. Außerdem erreicht es jede Ecke und jeden Winkel und sogar die Innenseiten.

Selbstlackieren ist natürlich günstiger – und vermittelt Ihnen das erhebende Gefühl, wirklich alles selbst gemacht zu haben. Haben Sie jedoch keinen geeigneten Platz oder nicht das passenden Werkzeug oder fühlen Sie sich wegen Mangels an Praxis verunsichert, dürfte der Weg zum Fachmann die bessere Entscheidung sein. Mit einer Pulverbeschichtung wird natürlich auch eine sehr hochwertige Oberfläche erzielt.

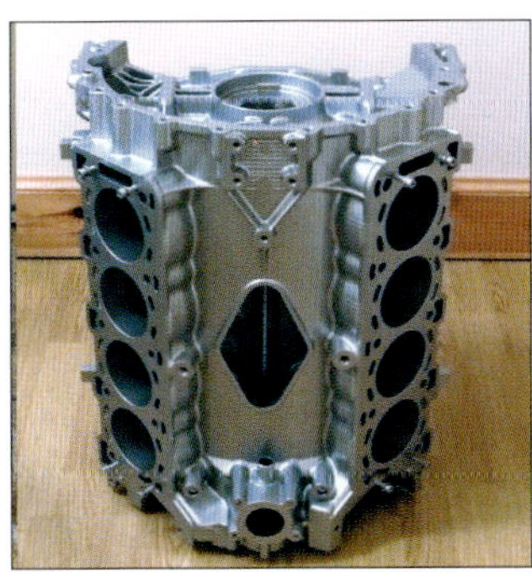

Die meisten Felgenreparaturbetriebe verfügen über das nötige Equipment und werden Ihnen gerne auch einen Motor beschichten. Je nach Auftragslage ist die Tischbasis schon nach wenigen Tagen fertig.

Pulverbeschichtungen gibt es in allen möglichen Farben, mit matter oder glänzender Oberfläche. Ein Chromfinish strahlt natürlich am besten. Wenn Sie die verchromte Variante wählen, sollte der Fachbetrieb allerdings mit dem Pulver nicht sparsam sein.

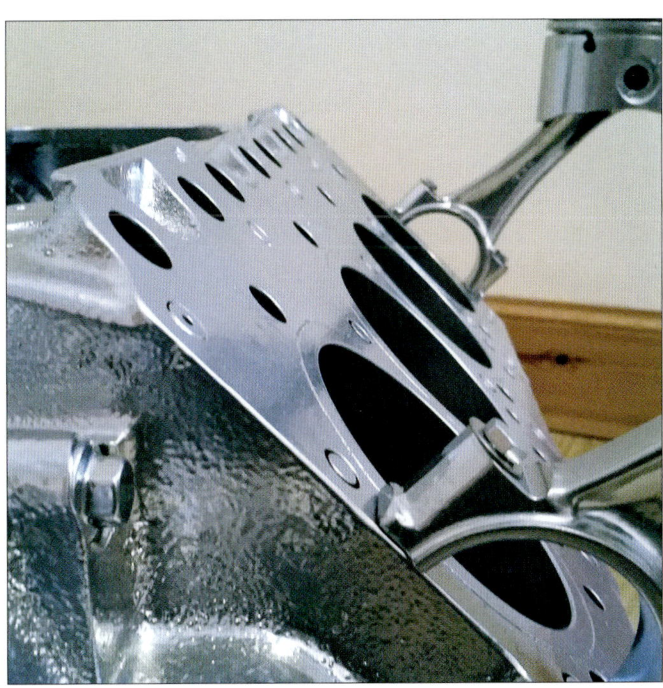

Der vielleicht beste Grund dafür, diese Arbeiten aus der Hand zu geben: Der Betrieb nimmt Ihnen auch alle schmutzigen Arbeiten ab. Er wird den Motor reinigen, chemisch behandeln und vor der Beschichtung sandstrahlen. Das alles hat natürlich seinen Preis.

Finanziell gesehen wird die selbst vorgenommene Lackierung ungefähr halb so teuer. Sie benötigen außer dem Lack unter anderem Reiniger, Verdünner und Abdeckfolie. Und Zeit kostet das Ganze natürlich auch. Bedenken Sie, dass jede einzelne Farbschicht trocknen muss, bevor die nächste draufkommt.

Zwei Dinge sollten Sie unbedingt beherzigen: Der Motorblock muss so sauber und fettfrei wie möglich sein. Außerdem ist die Umgebungstemperatur ein entscheidender Faktor. Ist der Motor noch ölig oder die Temperaturen zu niedrig, wird der Lack nicht haften.

Arbeiten Sie an einem Grauguss-Block, sollte die Garage absolut trocken sein. Nachdem Sie den Motor gereinigt und entrostet haben, würde er in einer feuchten Umgebung innerhalb weniger Stunden wieder rosten. Der Block selbst muss knochentrocken sein, sonst rostet es auch unter dem Lack weiter.

Vor dem Lackieren will der Motor also peinlichst gründlich gereinigt sein. Gegen groben Schmutz helfen chemische Reinigungsmittel und Drahtbürsten. Größere Flächen lassen sich gut mit dem Drahtbürstenaufsatz des Winkelschleifers bearbeiten, Ecken, Kanten und Löcher mit einer kleinen Drahtbürste auf der Bohrmaschine oder von Hand. Es ist hilfreich, den Motor zwischen den Arbeitsgängen mit einem Hochdruckreiniger abzuspritzen. Damit können Sie viel Zeit sparen.

Vergessen Sie nicht Unter- und Innenseiten und prüfen Sie gründlich, ob sich nicht doch noch Reste von Flüssigkeiten verbergen. Sie verderben das Ergebnis, finden irgendwann den Weg nach draußen und unweigerlich auf die Auslegeware. Wenn der Motor endlich wirklich sauber und fettfrei ist, kann er lackiert werden.

Zunächst benötigen Sie dafür einen geeigneten, gut belüfteten Ort, an dem genügend Platz ist, um problemlos alle Stellen des Motors zu erreichen, ohne ihn auf eine frisch lackierte Fläche legen zu müssen. Für die Lackierarbeiten haben sich ein Motorstand oder ein Motorkran mit justierbarer Höhe gut bewährt. Atemschutz nicht vergessen!

Nun arbeiten Sie in drei Schritten: Grundierung, Farbauftrag und Klarlack. Zuerst wird eine Grundierung (Primer) aufgetragen. Es gibt sie in verschiedenen Farben. Wählen Sie einen auf die spätere Motorfarbe abgestimmten Farbton.

Bei der Lackierung von Hand empfiehlt sich als Decklack Aluminiumsilber. Dafür sollten Sie eine graue Grundierung verwenden. Tipp: Tragen Sie die Grundierung dick auf. So können Sie Fehler, die Ihnen bei der Arbeit passieren – etwa verlaufenden Lack – gut ausgleichen. Den Decklack sollten Sie aber in mehreren dünnen Schichten übereinander aufbringen, um „Tränen“ zu vermeiden. Zum Schutz und fürs perfekte Hochglanz-Finish kommt schließlich eine dünne Klarlackschicht darüber. Achten Sie darauf, dass die Farbschicht so glatt wie möglich ist, dann kann der Klarlack besser darauf haften.

Fertigstellung/Endmontage

Bevor wir nun mit der langersehnten Komplettierung fortfahren: Es ist sehr wichtig, dass im Laufe der Lackierarbeiten zwischen den einzelnen Arbeitsgängen die Lackschichten gründlich durchtrocknen. Das gilt natürlich auch für die abschließende Klarlackschicht. Generell sind die Verarbeitungsanweisungen der Lackhersteller zu beachten. Im Zweifel gilt: lieber einen Tag länger abwarten.

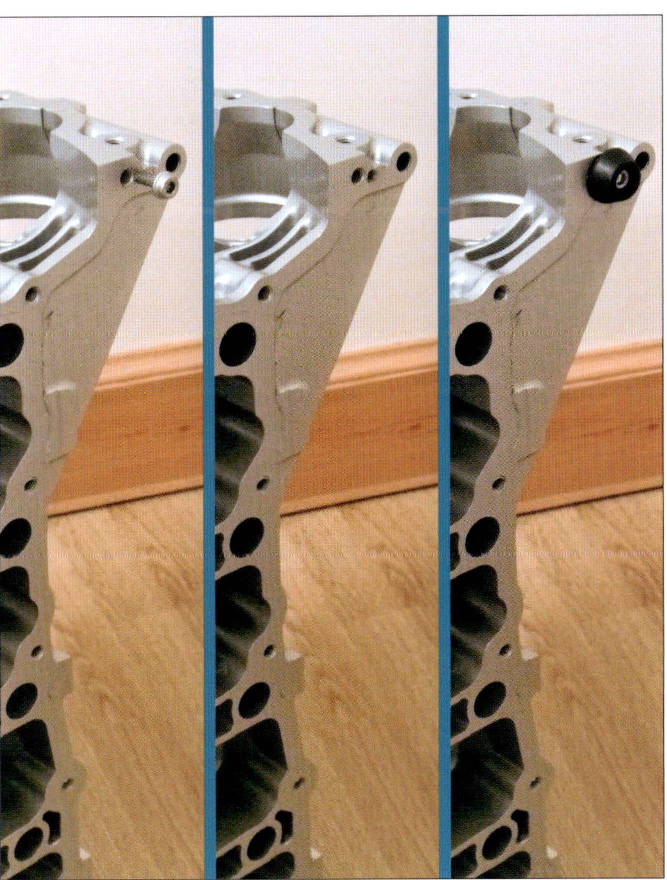

Mit dem lackierten Motorblock, der Glasplatte und ein paar Teilen und Schrauben ist der Akt der Fertigstellung nicht schwerer als das Bauen mit Legosteinen. Am besten setzen Sie den Tisch dort zusammen, wo er auch stehen soll, und tun Sie es auf einer Decke oder sonstigen Unterlage, die den Bodenbelag schützt. Benutzen Sie sauberes Werkzeug.

Zuerst werden die Gummifüße an der Unterseite des Motors befestigt. Legen Sie das Aggregat vorsichtig auf die Seite, entfernen Sie die Schrauben, die während der Lackierarbeiten als Platzhalter in den Löchern gedient haben, und befestigen Sie die Gummifüße mit maximal 20 Millimeter langen M6-Schrauben.

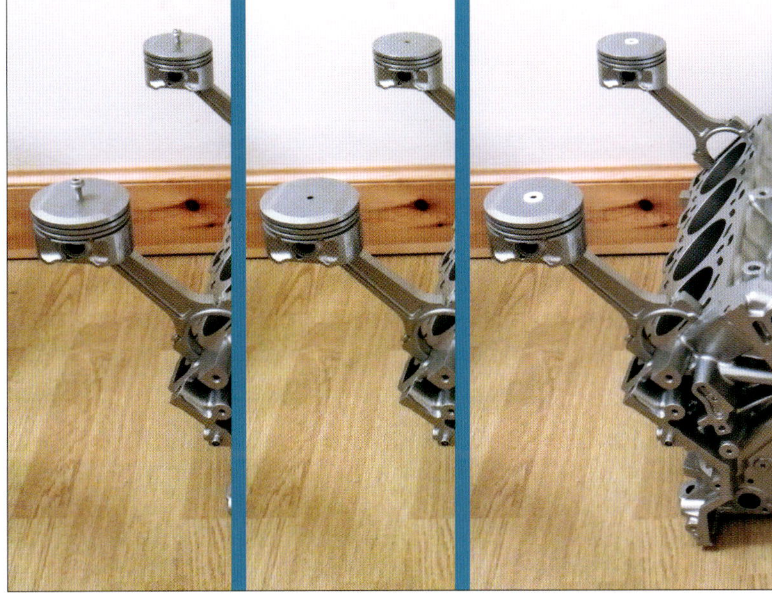

Stellen Sie den Motor auf die Füße und entfernen Sie die Schrauben aus den Pleuelköpfen. Kleben Sie nun eine Gleitscheibe (aus Plastik) um jedes Bohrloch. Die Scheiben verhindern, dass die metallenen Pleuel das Glas zerkratzen. Außerdem dienen sie zur Schalldämmung. Jeder Klaps auf die Platte tönte ansonsten via Metallkolben und Motorgehäuse unangenehm.

Legen Sie die Glasscheibe nun auf die Kolben. Achten Sie auf richtige Ausrichtung – die Bohrlöcher sind ja nicht symmetrisch! Am besten verwenden Sie zur Fixierung der Platte M6-Schrauben mit Flachkopf. Auch zwischen Glas und Schraubenköpfen kommen Kunststoff-Unterlegscheiben zum Einsatz.

Ziehen Sie nun alle Schrauben fest. Will eine von ihnen nicht so recht hinein, können Sie den betreffenden Kolben ein wenig kippen, oder Sie lösen kurz die Verschraubung der Pleuel und ziehen nach dem Ausrichten wieder alles fest. Die vier Tischplatten-Schrauben wollen mit Gefühl und nicht zu fest angezogen sein.

Das war's. Ihr Tisch ist fertig!
Nehmen Sie Platz, seien Sie stolz – genießen Sie's!

Bonusmaterial: Der Kurbelwellenbeistelltisch

Wenn Sie einen kompletten Motor gekauft haben, ist davon vielleicht die Kurbelwelle mitsamt der Schwungscheibe übriggeblieben. Daraus lässt sich nun noch ein wunderbarer Beistelltisch bauen, der perfekt zu Ihrem Motortisch passt! Es ist eigentlich ganz einfach – umso mehr, da Sie ja vorher schon einen Motortisch gebaut haben.

Schrauben Sie die Schwungscheibe wieder auf die Kurbelwelle und schneiden Sie deren Ende mit einer Trennscheibe ab, so dass es am Ende wie eine größere Version der Flachkopfschrauben aussieht, mit der Sie die Glaplatte Ihres Tisches fixiert haben.

Natürlich brauchen Sie eine weitere Glasscheibe, ich würde eine runde mit einem Durchmesser von etwa 400 Millimetern empfehlen. Sie sollte ein Loch in der Mitte aufweisen. Es sollte mindestens zwei Millimeter größer als die Kurbelwellenschraube sein, aber höchstens vier Millimeter. Reinigen und lackieren Sie die Teile genau so, wie Sie es bereits für den großen Tisch getan haben.

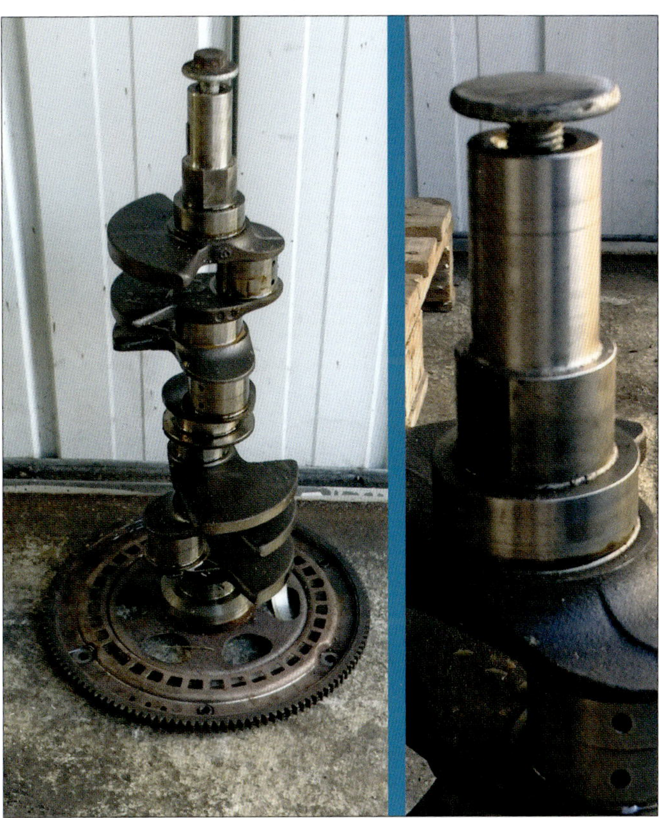

Das Tischchen wird ein wenig höher ausfallen als unser Motortisch, aber er es soll ja auch als Beistelltisch neben dem Sofa oder vielleicht als Telefonablage dienen.

TEIL 2: PROJEKTE

Na, sind Sie auf den Geschmack gekommen? So ein Motortisch macht schon was her! Im zweiten Teil dieses Buches möchten wir Ihnen nun weitere Möbel aus Autoteilen vorstellen. Teils sind sie das Produkt begeisterter Autofans, deren Liebe zum Objekt sich auch im eigenen Wohnambiente fortsetzt, teils sind es Möbel und Accessoires, die professionelle Anbieter aus eigenem Antrieb oder auf Kundenwunsch geschaffen haben.

Selbstverständlich finden Sie auch Bezugsadressen und – je nach Verfügbarkeit – Preise. Diese sind teils nur grobe Richtwerte. Die Preisfindung etwa bei einem Bett oder einem Schreibtisch hängt stark vom Ausgangsmaterial, etwa der Verfügbarkeit von Karosserien oder Technikkomponenten ab und natürlich von den Vorstellungen und Wünschen der Kundschaft.

Was Sie in jedem Fall immer bedenken sollten: Ein Automöbel ist ein großes Objekt! Stellen Sie sich das Heck eines Käfers in Ihrem Wohnzimmer vor und schätzen Sie ab, ob ein Sofa in diesen Dimensionen wirklich in Ihre vier Wände passt. Und: Wie kommt es dorthin? Ein Sideboard, das in seinem früheren Leben einmal die Front einer ausgewachsenen Mercedes-S-Klasse war, trägt niemand durch ein enges Treppenhaus. Oder einen Flur.

Rechts: Stilles Örtchen: Dieses Waschbecken mit Profil fand sich auf der Herrentoilette der „Motorworld" in Köln. Für Selbstmacher sollte der Nachbau kein Problem darstellen. Gebrauchtreifen gibt´s mitunter geschenkt, runde Becken hält der Sanitärfachhandel bereit.

Aber genug der Bedenken! Nachdem wir Ihnen im ersten Teil des Buches die detaillierte Bauanleitung für einen Motortisch präsentiert haben, ist der zweite Teil ein Füllhorn an Möglichkeiten zum Anschauen, zum Genießen und zum „Sich-inspirieren-lassen". Viel Spaß.

Lukas Böhl, der in seiner Firma More2Home unter anderem in Indien hergestellte Motormöbel verkauft, beschreibt Trend und Geschäft so: „Meiner Einschätzung nach gibt es schon lange einen Bedarf für ausgefallene Unikat-Möbel aus alten Autoteilen, nicht nur bei eingefleischten Autofans. Da es aber bislang keinen Weg zur Massenproduktion gab, mussten die Möbel in langwieriger Handarbeit von deutschen Hobbybastlern und Einzelanbietern hergestellt werden. Die Preise für

derartige Einzelstücke betrugen mehrere tausend Euro. Durch die Herstellung in Indien können nun die Kosten deutlich gesenkt werden. Es wurde ein mehr oder weniger einheitlicher Herstellungsprozess entwickelt, bei dem die Möbel zwar immer noch in Handarbeit gefertigt werden müssen, aber durch genau vorgegebene Arbeitsschritte in größeren Stückzahlen produziert werden können. Für die Herstellung werden ausgediente Originalfahrzeuge verwendet, womit wir voll im Trend des Upcyclings liegen, der sich gerade durch unsere Gesellschaft zieht. Mit dem Blick auf die Zukunft sicher keine schlechte Herangehensweise, um mit „Schrott" umzugehen. Die Fahrzeuge erhalten sozusagen ein zweites Leben als Möbel, ohne dabei den Charme der Straße zu verlieren. Abnehmer sind oft Boutique-Geschäfte, individuelle Friseurläden, Autohäuser und Werkstätten oder auch Kunden, die für Messen einen Hingucker suchen. In privaten Haushalten kommen die Auto-Sofas am besten an. Die Kinder sind meist schon aus dem Haus und man will die Einrichtung nochmal neu gestalten. Mit den Möbeln lässt sich ein wunderbarer Blickfang schaffen. Die Kunden suchen das Besondere, das i-Tüpfelchen in der Einrichtung, das sie vom klassischen deutschen Haushalt abhebt. Es geht gar nicht so sehr um die Funktionalität der Möbel, sondern eher um das Design. Gerade auch in großen Loft-Wohnungen bereichern die Möbel die Einrichtung ungemein. Trends wie der Industrial Style, Shabby Chic oder auch Vintage zelebrieren das Unperfekte, schon mal Dagewesene und tragen sicherlich zum Hype um derartige Möbel bei."

Rechts: Vollfettstufe: Ein V8 ist immer ein Hingucker. Er baut kompakt und bietet dank des annähernd quadratischen Grundrisses eine gute Basis für die Platte.

Unten: Die Glasplatte ruht auf vier Kolben, auf deren Böden runde Filze sanften und kratzfreien Kontakt herstellen. Je nach Gewicht der Platte empfehlen sich kleine Gummistopper, die nicht so schnell nachgeben. Filzgleiter und Gummistopper sind Cent-Artikel aus dem Baumarkt.

Der Motortisch ist nicht nur für ausgemachte Autofreaks eine Augenweide, sondern in jeder Beziehung ein attraktives und extravagantes Möbelstück.

Das Ventil dient als Möbelfuß. Damit es sich unter dem Gewicht des Tischs nicht allzu tief in den Teppich drückt, können Kunststofffüße unter den Ventiltellern dazu dienen, den Druck besser zu verteilen.

Ein Zwölfzylinder-Aggregat aus einem Jaguar ist nicht ganz so einfach zu ergattern wie andere Motoren. Und auch nicht so günstig. Auf dem Schrottplatz wird man hierzulande wohl eher selten fündig. Vielleicht fällt mal bei einem auf britische Autos spezialisierten Betrieb ein Zwölfender-Block ab. Das Ergebnis lohnt den Rechercheaufwand ohne Zweifel.

Die Platte liegt rutschsicher auf dem Pleuel auf. Günstige Klebefüße aus weichem transparentem Kunststoff polstern die Auflage und verhindern, dass sie sich bewegen kann.

Viel weiter dürfen die Pleuel nicht gespreizt sein. Die Glasplatte – sie sollte auf jeden Fall aus Sicherheitsglas sein – könnte bei Überbelastung der Tischmitte brechen oder Risse bekommen.

Vier gewinnt: Den coolen Look schaffen die Zylinderinnenbeleuchtung – endlich wird der alte Witz mal Wahrheit – und die Fortsetzung in der Unterbodenbeleuchtung der Sitzgruppe. LED-Lichterketten in vernünftiger Qualität gibt es bereits um die 15 Euro.

Es muss nicht immer Bigblock sein: Der Mercedes-Vierzylinder M 102 wurde in den 80er und den 90er Jahren in zahllose Modelle mit dem Stern eingebaut, und es gibt ihn immer noch reichlich. Er verfügt überdies über eine Steuerkette, aus der sich nach Demontage ebenfalls reizvolle Dekoartikel – etwa Kerzenständer oder Teelichthalter – anfertigen lassen.

Der Block ist grundgereinigt und liegt in der Strahlkammer bereit. Mit Sand oder Glasperlen etwa lassen sich die jahrzehntealten Gebrauchsspuren beseitigen.

Die Wasserpumpe wird für den späteren Tisch nicht unbedingt benötigt. Ist sie intakt, kann man sie verkaufen. Wasserpumpen sind begehrte Verschleißteile.

Schon besser: Der gusseiserne Block erhält seine alte Farbe zurück.

Rechte Seite: Von Schlacke befreit sind Block und Kolben: Auch hier ist das Vorher und Nachher des Strahlvorgangs gut zu sehen. Die Komponenten sehen wieder appetitlich aus und taugen nun für die Montage und die fleckenfreie Platzierung auf dem Flokati.

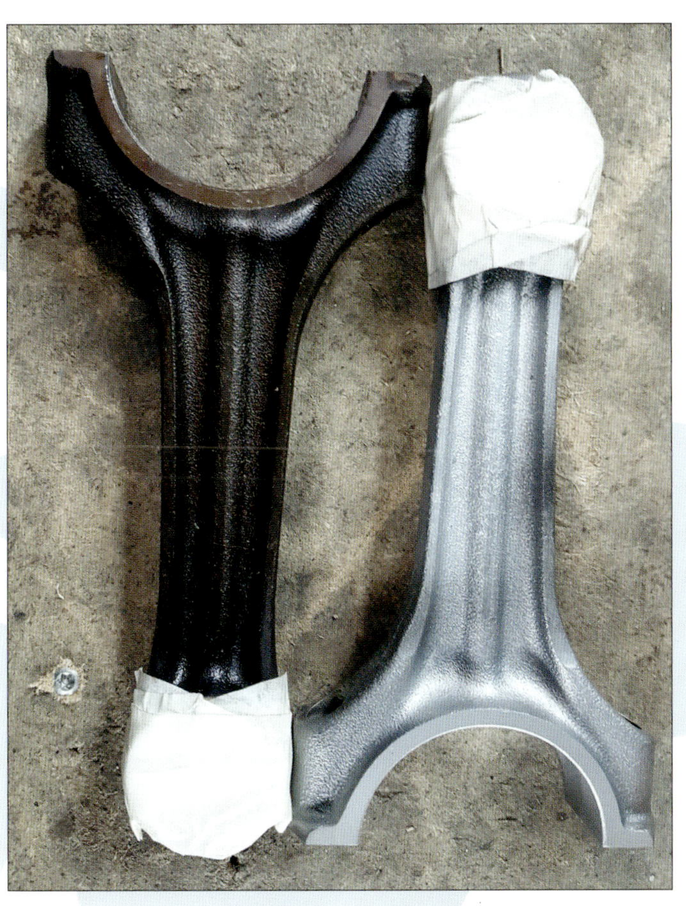

Links: Vorher/Nachher: Die Pleuel sehen nach dem Sandstrahlen aus wie neu.

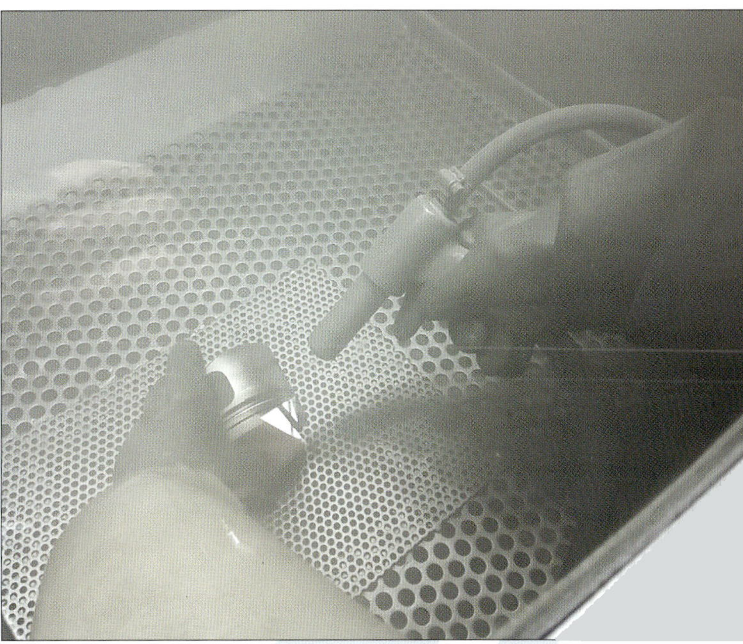

Oben: Das kann der Profi am besten: In der Strahlkabine funktioniert die Reinigung unbedenklich für Umwelt und Umstehende.

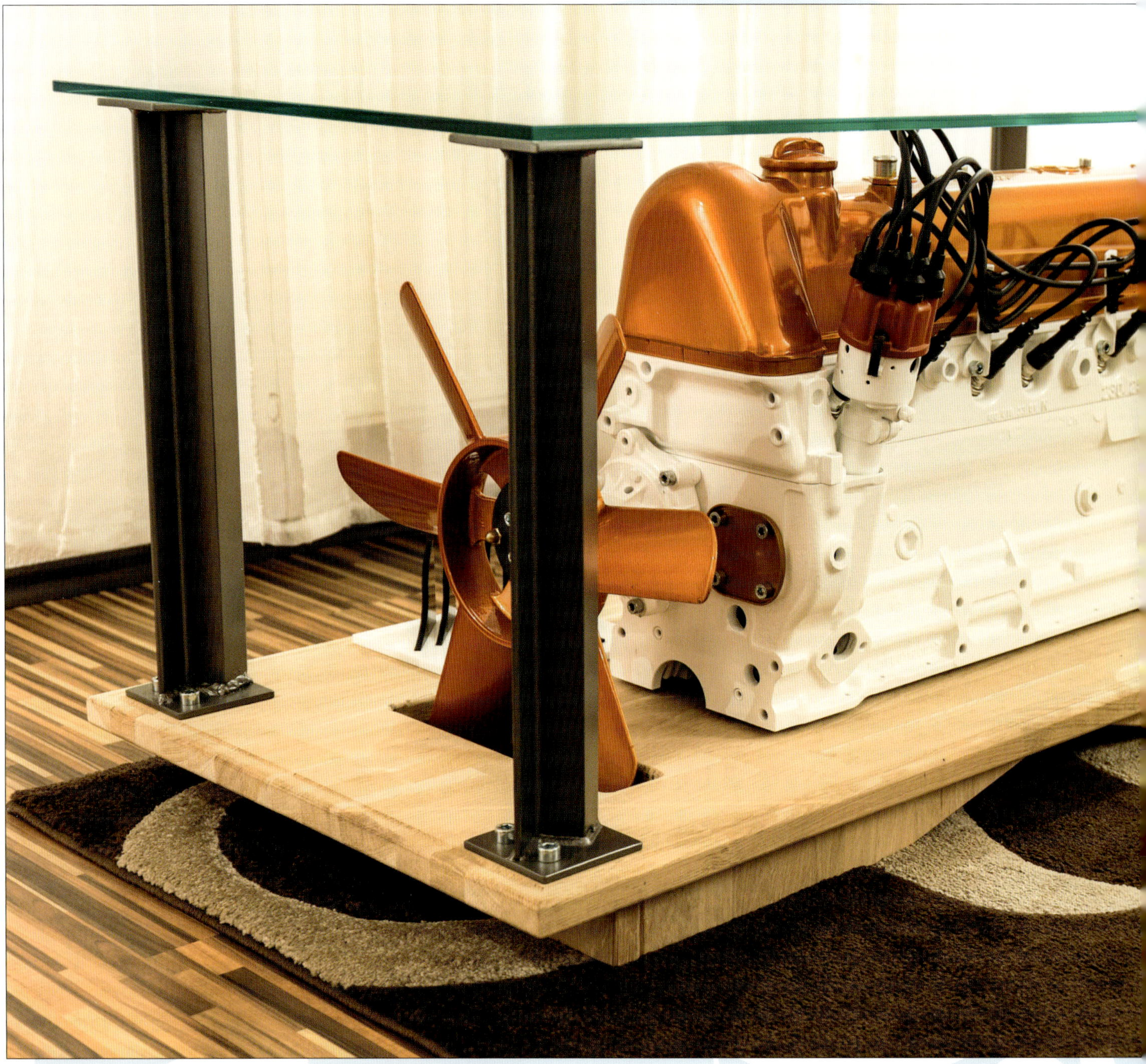

Die auffällige Lackierung in weiß und orangemetallic setzt reizvolle Akzente.

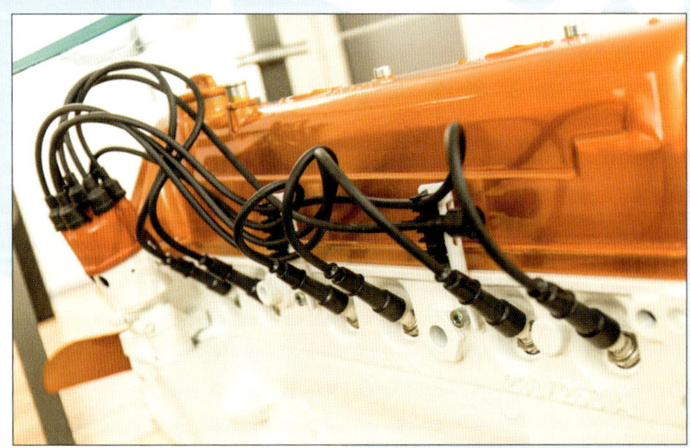

Zündfolge 1-5-3-6-2-4: Verteiler und Kerzen bleiben miteinander verkabelt, der Motortischler hat jene Details am Triebwerk erhalten, die es immer noch lebendig erscheinen lassen.

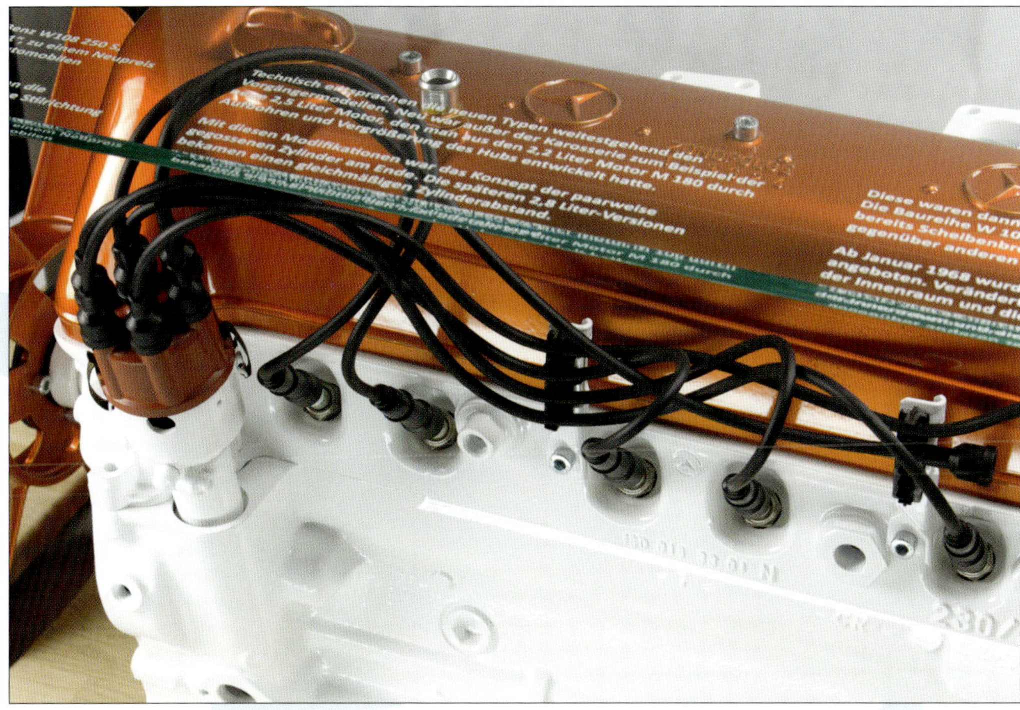

Linke Seite: Kaum zu glauben, dass dieser prachtvolle klassische Mercedes-Sechszylinder schrottreif in einer Werkstatt herumstand und entsorgt werden sollte. Andreas Einsiedel nahm sich des Aggregates an und zauberte daraus dieses Prachtstück. Der Sechszylinder war gleichzeitig der Startschuss zur Gründung eines Unternehmens.

Oben: Ein besonderes Schmankerl dieses Tisches sind die erst in Spiegelschrift auf ein Folienplot aufgebrachten Motordaten, die von unten auf die Scheibe geklebt sind. So bleiben sie vor Abnutzung geschützt.

Unten: Sternmotor: Auch in der Draufsicht präsentiert sich der alte Reihensechser als ein enorm dekoratives Stück Maschinenbau.

Dieser Traktor-Tresen wird in Indien zwar in Handarbeit, aber doch praktisch in Serie gefertigt, was die Kosten überschaubar hält. Der Möbelhändler More2Home (www.more2home.de) bietet ihn für 989 Euro an.

Oben: Die gute, alte Vespa – dieser indische Lizenzbau heißt „Bajaj" – ist nach ihrem Leben auf der Straße auch als Getränkeregal gut. Ebenfalls bei More2Home, Preis: 899 Euro.

Ebenfalls aus Indien kommt dieser Tisch aus der Frontpartie eines Mahindra-Jeeps. Die Lampen funktionieren. Erhältlich bei More2Home für 769 Euro.

Oben: Der Lenkradtisch ist natürlich auch mit anderen Volants denkbar. Martin Schlund (www.automoebeldesign.de) montiert eine Nockenwelle auf eine Anlasserscheibe und setzt das Steuer eines BMW E3 obendrauf. Der fertige Tisch kostet 570 Euro.

Rechts: Das zweite Leben einer Chevy-Kurbelwelle: Das 5,7-Liter-Aggregat, aus dem das Bauteil entnommen wurde, wäre beinahe verschrottet worden – hätte nicht Andreas Einsiedel eingegriffen, die Welle weiß lackiert und mit einer Tischplatte aus rotem Frostglas versehen hätte. Ein Hingucker!

Der Jungdesigner Magnus Berns („ferdinand design") fertigte diesen stilvollen Felgentisch aus einer Fuchs-Felge für das Foyer eines Porsche-Händlers.

Am runden Tisch: An diesem Motormöbel konnten Gäste des Radherstellers Borbet auf der Motorshow Essen 2017 Platz nehmen.

Ob man den alten Mopedtank tatsächlich als Beistelltisch nutzt oder ihn als reizvolles Dekoelement verwendet, bleibt jedem selbst überlassen. Wichtig: Arbeiten an alten Tanks können gefährlich sein, wenn der Kraftstoffbehälter nicht komplett entleert wurde. Die Gase sind hochentzündlich!

Die „Glove Boxes“ von Magnus Berns (ferdinand design) sind Kommoden aus Handschuhfächern – hier von Porsche 944, Mercedes Strichacht, VW T2 und Golf I. Hier sind nach Wunsch ganz individuelle Designs möglich. Preis auf Anfrage.

Eine Restaurierung dieses Manta A wäre wirtschaftlich sinnlos gewesen. Aus ihm fertigt Martin Schlund (www.automoebeldesign.de) im Auftrag einen Schreibtisch.

Die Front ist abgetrennt, im ehemaligen Motorraum entsteht die Arbeitsfläche. Martin Schlund verwendet dafür, je nach Kundenwunsch, MDF- oder Echtholzplatten, Bezüge bestehen meist aus Kunstleder.

Oben: Aus eins mach zwei: Aus dem Heck des Manta A ist eine zum Schreibtisch passende Bar entstanden.

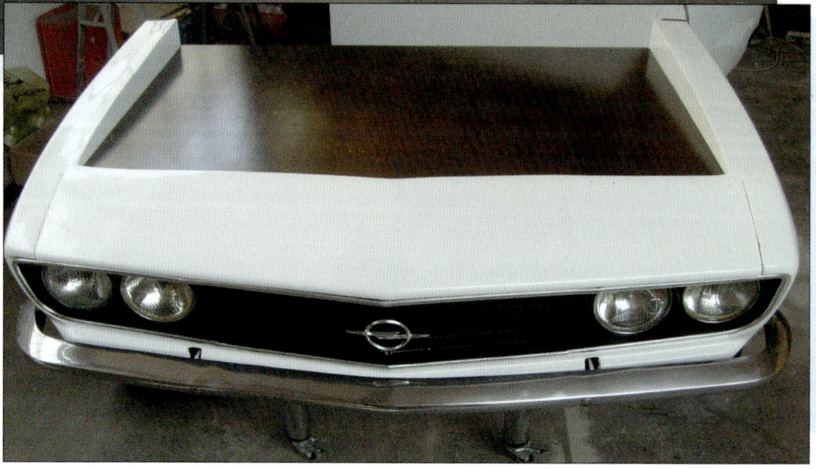

Rechts: Schreibtischlampen mal anders: Die Scheinwerfer des Manta-Möbels funktionieren.

Kein Lenkrad, keine Pedale. Dafür hat noch kein Manta derart viele Ablage-Möglichkeiten gehabt. Praktisch!

Welche Ablagen benötigt werden und wie diese am Ende aussehen, entscheidet der Auftraggeber. Für einen solchen Manta-Schreibtisch berechnet Schlund rund 4500 Euro.

Auto-Verwertung: Dankbare Objekte sind leicht zerlegbare Autos wie die Ente. Diese hier stand bereits halbiert auf dem Schrott.

Unten: Der Auftraggeber wünscht sich den „Charleston"-Look. Ab damit zum Lackierer!

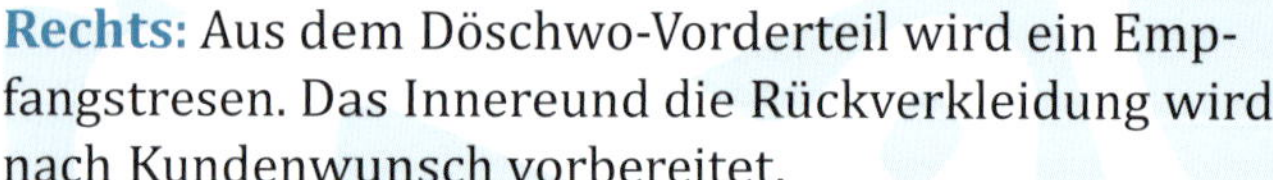

Rechts: Aus dem Döschwo-Vorderteil wird ein Empfangstresen. Das Innereund die Rückverkleidung wird nach Kundenwunsch vorbereitet.

Autorecycling vom Feinsten: Der Ententresen strahlt im beliebten Zweifarb-Finish.

Oben: Mit Beleuchtung und Riffelblech: Auf Wunsch wäre das Fach auch kühlbar.

Unten: Selbstverständlich funktioniert auch die Beleuchtung. Bei www.automoebeldesign.de würde dieses charmante Möbel rund 5700 Euro kosten.

Rechte Seite: Die großzügige Arbeitsfläche nimmt Gestalt an, der Kunde wollte den Schreibtisch mit einem Radio ausgestattet haben.

Links: Ein Mercedes W 109 mit seinen aufrecht stehenden Doppelscheinwerfern eignet sich hervorragend als Basis für einen imposanten Schreibtisch.

Unten: Hier kommt eine Platte aus Buche zum Einsatz.

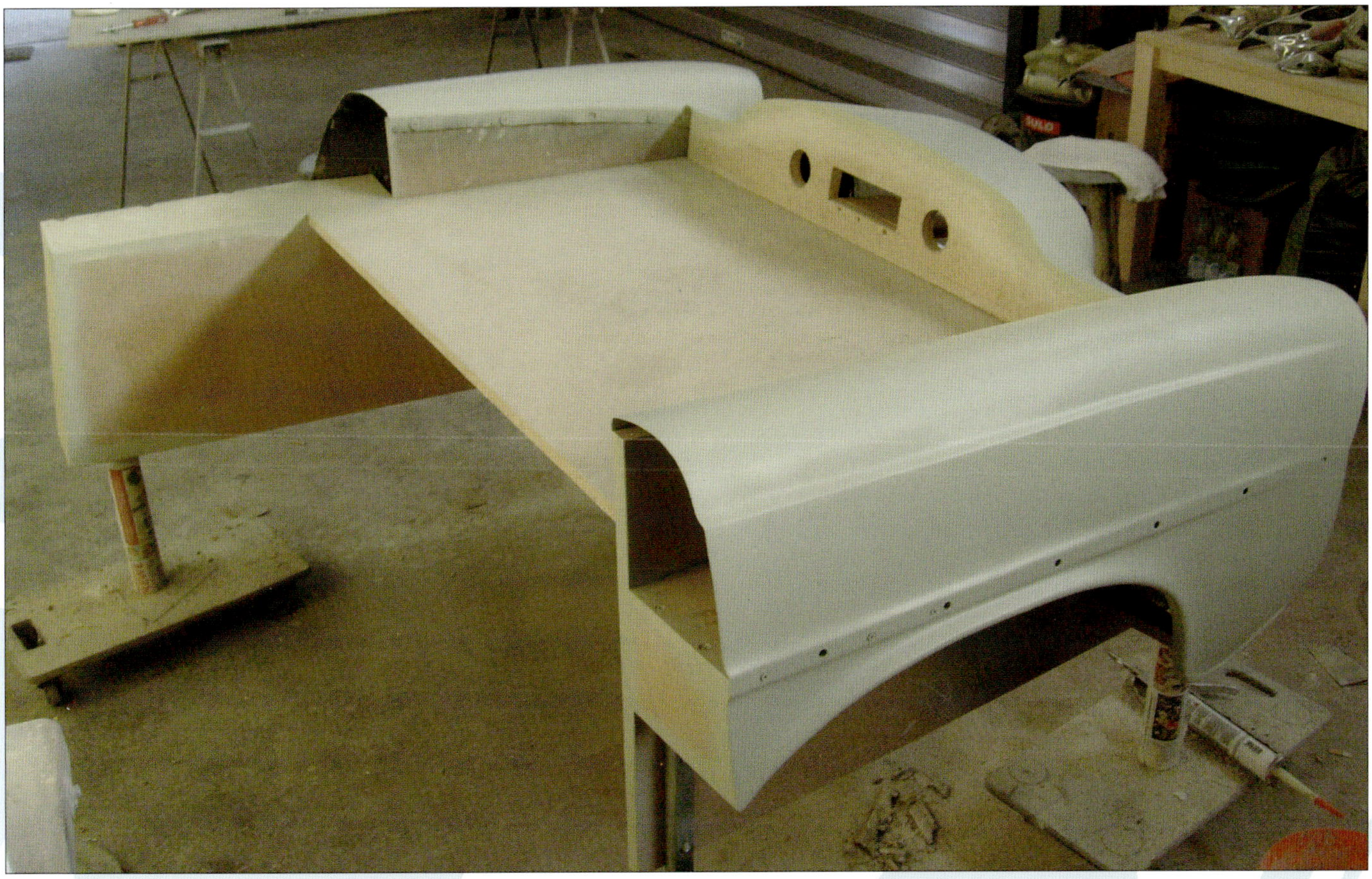

Unten: Der Chef fährt heute selbst im Büro. So lässt es sich arbeiten! Vom Profi angefertigt (www.automoebel-design.de), kostet der komplett beleuchtete S-Klasse-Schreibtisch rund 5300 Euro.

Links: VW-Fans mag bei dem Anblick das Herz bluten, aber das Spenderfahrzeug war schlicht und ergreifend nicht mehr zu retten.

Unten: Aus der schnittigen Scirocco-Front wird allmählich ein Sideboard.

Links: Knallrot und hochglänzend: Der Scirocco kommt frisch vom Lackierer und wird nun schrittweise zum Möbel.

Unten: Mit zeitgenössischem Tuning: Das Scirocco-Sideboard trägt originale BBS-Speichenräder und abgedunkelte Blinkleuchten. Das Ablagefach ist mit Skai bezogen, die Scheinwerfer funktionieren. Martin Schlund hat für dieses Möbel 3400 Euro in Rechnung gestellt.

Dieser multifunktionale Mini-Schreibtisch im Gulf-Stil steht im Empfangsbereich der Motorworld in Böblingen.

Der Schreibtisch ist rollbar, jedoch nicht auf seinen eigenen Rädern. Die sind nur noch Deko.

Dazu wurde ein Mini in der Mitte durchtrennt.

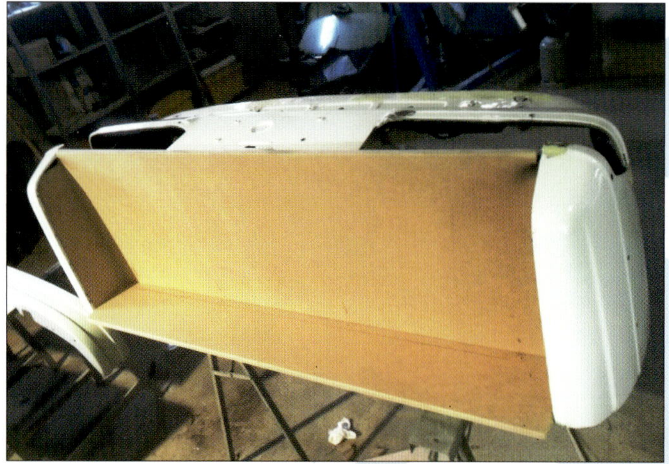

Ein einst stolzer W-123-Fahrer hat aus dem Totalschaden das Beste gemacht und die noch zu rettende Heckpartie in eine Sitzbank umbauen lassen.

Das Blech wurde in einem originalen Mercedes-Farbton lackiert und das Polster mit Skai bezogen. Besonderer Clou sind die „Pfeifen", die an die originale MB-Polsterung erinnern, sowie die Armlehnenattrappe. Kosten: 4600 Euro.

Links: Barhocker für „Mopedfahrer", auch das gibt´s: Aus einer schrottreifen Yamaha XS 350 fertigte www.automoebeldesign.de dieses exklusive Thekenmöbel für zwei (!) Personen. Die Bank ist mit echtem Leder bezogen, das Hinterrad frei drehbar. 2500 Euro.

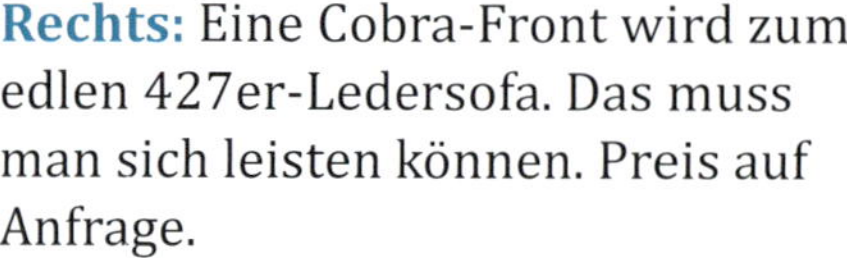

Rechts: Eine Cobra-Front wird zum edlen 427er-Ledersofa. Das muss man sich leisten können. Preis auf Anfrage.

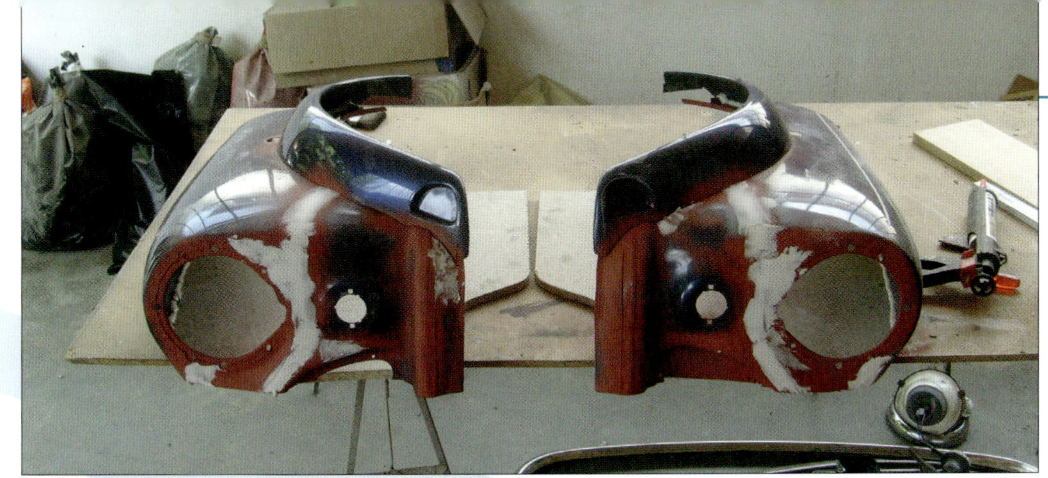

Die Mini-Kotflügel verarbeitet Martin Schlund ...

... zu einer wetterfesten Gartenbank. Der Sitzbereich besteht aus echter Douglasie, Minilite-Alufelgen und die Kotflügelverbreiterungen sorgen für den robusten Look. Eine Diebstahlsicherung gehört zum Lieferumfang. Preis: 3600 Euro.

Sofa mit Kofferraum: Ob man sich im Wohnzimmer anschnallen muss, ist die Frage, aber es gibt ja Filme, die einen vom Sessel reißen sollen.

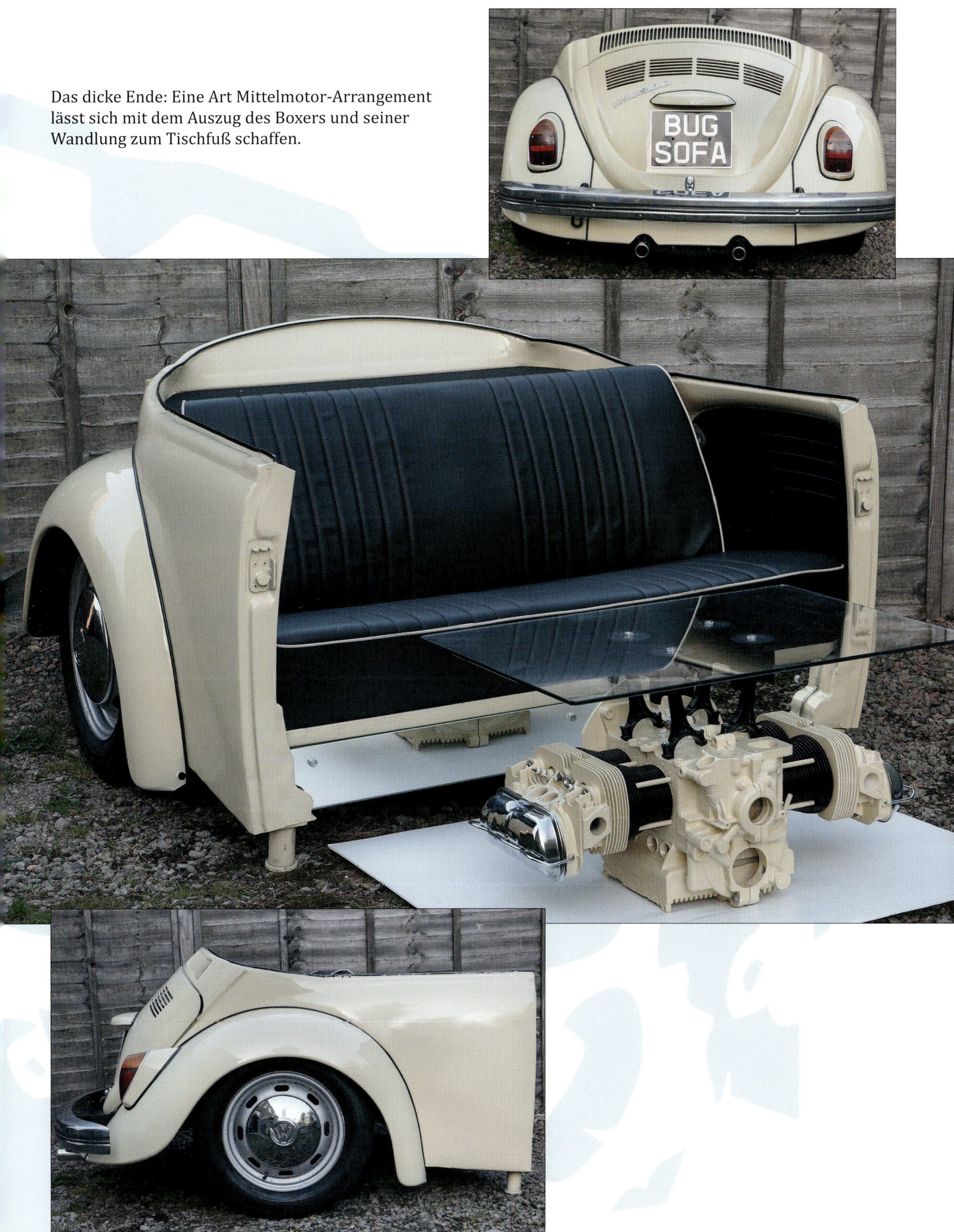

Das dicke Ende: Eine Art Mittelmotor-Arrangement lässt sich mit dem Auszug des Boxers und seiner Wandlung zum Tischfuß schaffen.

In die Preisgestaltung von www.automoebeldesign.de fließt immer mit ein, ob Martin Schlund die Ausgangsbasis für ein Möbel selbst besorgen muss oder ob der Kunde ein Altfahrzeug anliefert. Aus diesem Mercedes-Strichacht-Wrack …

… wird ebenfalls ein extravagantes Bett, sogar mit Lampenwischer.

Oben: Das wird einmal das Fußende. Ein Holzrahmen nimmt den Käferbug auf, dann kommen noch Füße drunter.

Oben rechts: Möbelbauer Martin Schlund zersägt die Felge mitsamt Reifen ...

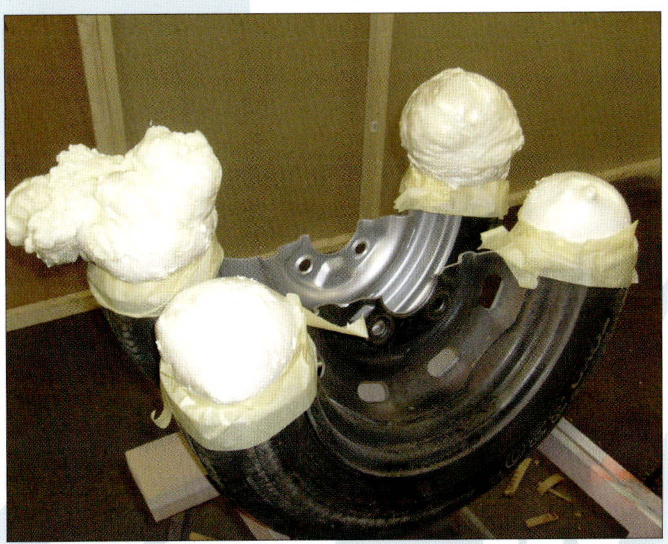

Rechts: ... und füllt die halben Pneus mit Bauschaum.

Unten: Und fertig ist die Laube: Der Holzrahmen ist bereits in der neuen Wagenfarbe – in Erinnerung an den legendären Film-„Herbie“ – lackiert, am Kopfende gibt es ein Polster und Leseleuchten. Wer im „V8-Hotel“ in der Motorworld Böblingen logiert, kann darin schlafen. Dafür wird dann auch weniger fällig als die 5700 Euro, die das Bett gekostet hat.

Für rasante Träume verwandelt sich auch schon einmal ein Porsche vom Sport- in einen Schlafwagen.

Rechts: Auch, wenn es nicht so aussehen mag: Das Basisfahrzeug, ein Porsche Boxster Typ 986, war ein wirtschaftlicher Totalschaden.

Die ehemalige Boxsterfront wird zum Fußende.

Rechts: Frisch lackiert, das Fußende steht – es folgen der Bettkasten und ein wenig Deko. Das Boxster-Bett hat eine Liegefläche von 1,80 x 2,10 Meter und kostet 7400 Euro.

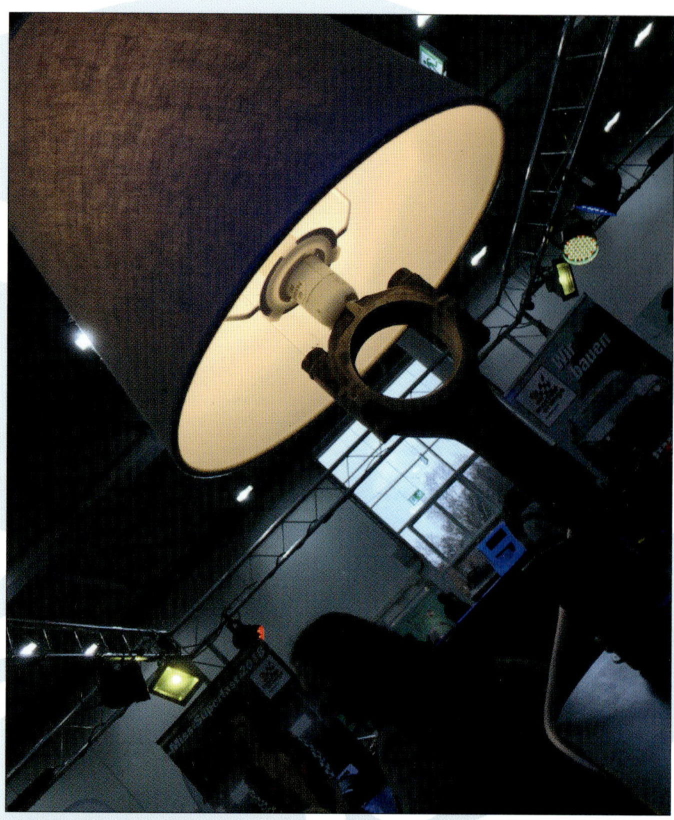

Das kleine Lampenprojekt ist für den findigen Selbstmacher recht leicht und sehr günstig zu realisieren. Mit etwas Glück bekommt man Kolben und Pleuel beim Schrotti oder in einer Werkstatt geschenkt. Lampenschirm, Fassung mit Kabel und Schalter sowie die passende Glühlampe gibt es in jedem Baumarkt für insgesamt nicht mehr als 30 Euro. Zur Fixierung der Lampenfassung kann man die vorhandene Bohrung benutzen und schneidet eventuell ein Gewinde hinein.

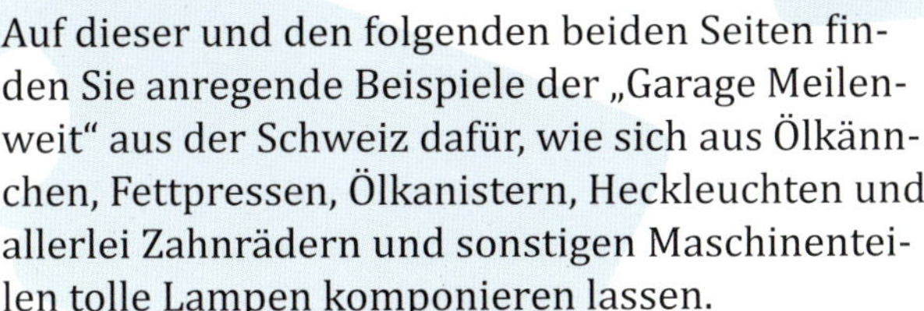

Auf dieser und den folgenden beiden Seiten finden Sie anregende Beispiele der „Garage Meilenweit" aus der Schweiz dafür, wie sich aus Ölkännchen, Fettpressen, Ölkanistern, Heckleuchten und allerlei Zahnrädern und sonstigen Maschinenteilen tolle Lampen komponieren lassen.

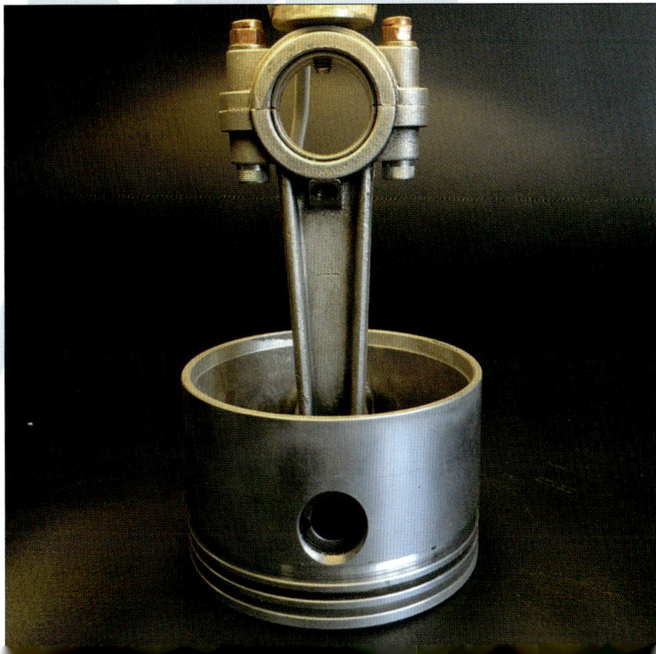

Whatever
you do,
do it
WELL.

FORD

CASTROL
motor oil with LIQUID TUNGSTEN
Castrol

Tolle Dekoidee: Ausrangierte Instrumententafeln gibt es reichlich im Internet oder auf dem Schrottplatz vor Ort. Bei „geschenkt" fängt die Preiskurve an, für ein solches Jaguar-Cockpit ist sicher eine Ablöse fällig. Die sich aber in Grenzen halten dürfte, sonst wäre es ja nicht entsorgt worden.

Unten: Das Kombiinstrument zu beleuchten, ist nicht so furchtbar schwer. Es lassen sich in die vorhandenen Einbauplätze der originalen Beleuchtung etwa – wie in diesem Fall – lichtstarke LEDs einsetzen. Wer dazu eine Lichterkette aus dem Baumarkt kauft, hat auch schon die Stromversorgung mit Netzteil und Schalter.

270 Sachen, Drehzahl im roten Bereich – und dann brennen alle, aber auch alle Warnlampen auf. Nicht so schlimm, die Zeiger sind per Hand auf volle Pulle gedreht, starke LED sorgen für Komplettbeleuchtung, und im Regal sieht das Kombiinstrument aus einem Porsche Macan toll aus.

Innebenlüftet und gelocht – auf nur wenige Uhren treffen diese Attribute zu. Die exklusive Bremsscheibenuhr ist quarzgesteuert und zeigt die Zeit im Rund fünfer vergoldeter Muttern (511tdw.de, Preis auf Anfrage, der Selbstbau ist natürlich auch machbar).

Uhren wie diese aus dem Angebot von Martin Schlund (www.automoebeldesign.de, ab 170 Euro), lassen sich praktisch aus jeder Radkappe oder Zierblende anfertigen. Ein batteriebetriebenes Uhrwerk mit Zeigern gibt es im Internet oder im Fachgeschäft für Bastlerbedarf ab rund 5 Euro. Wer will, kann noch in Klebeziffern investieren. Arbeitsaufwand: Einen Aufhänger an der Rückseite anbringen, ein Loch in die Mitte bohren, Uhrwerkachse fixieren, Zeiger montieren, fertig.

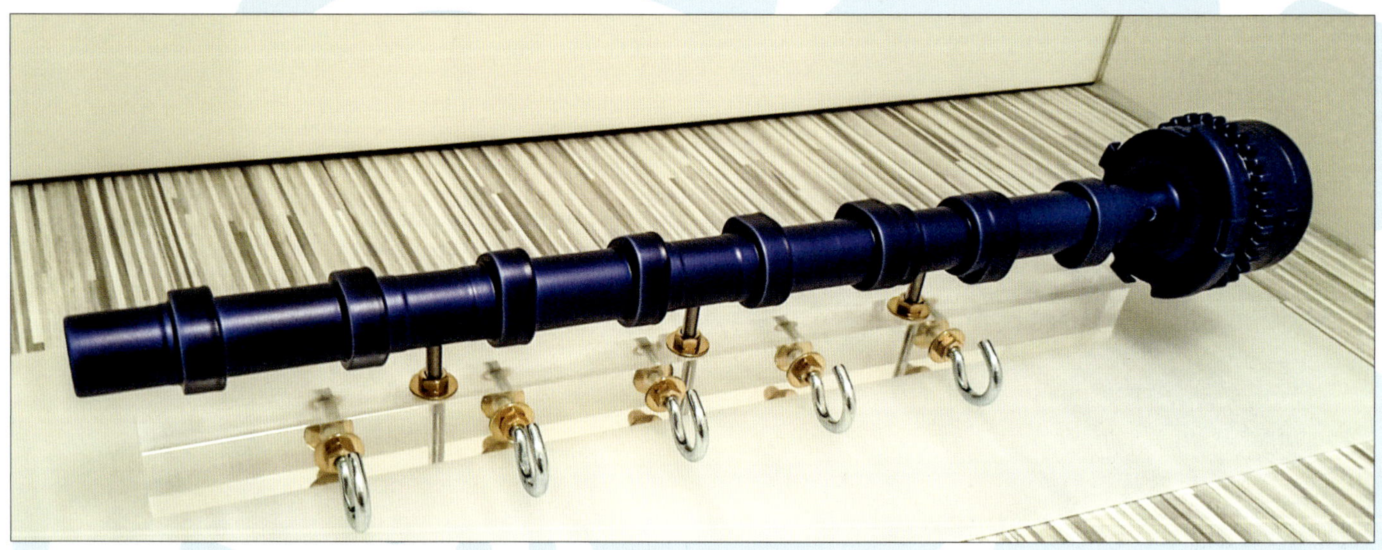

Resteverwertung: Aus einem Motortisch-Projekt stammt diese Nockenwelle. Andreas Einsiedel (511tdw.de) hat sie lackiert, auf eine Acrylglasplatte montiert und mit Haken zu einem Schlüsselbrett umfunktioniert.

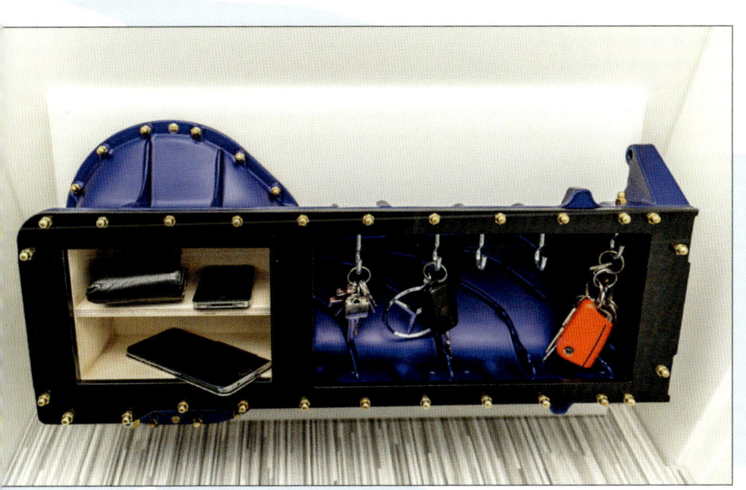

Die Ölwanne hing ebenfalls einst unter einem Motorblock, der heute Tischfuß ist. Zur Wandmontage gedacht, ist sie ein geräumiger Schlüsselkasten mit Ablagefach für Kleinkram.

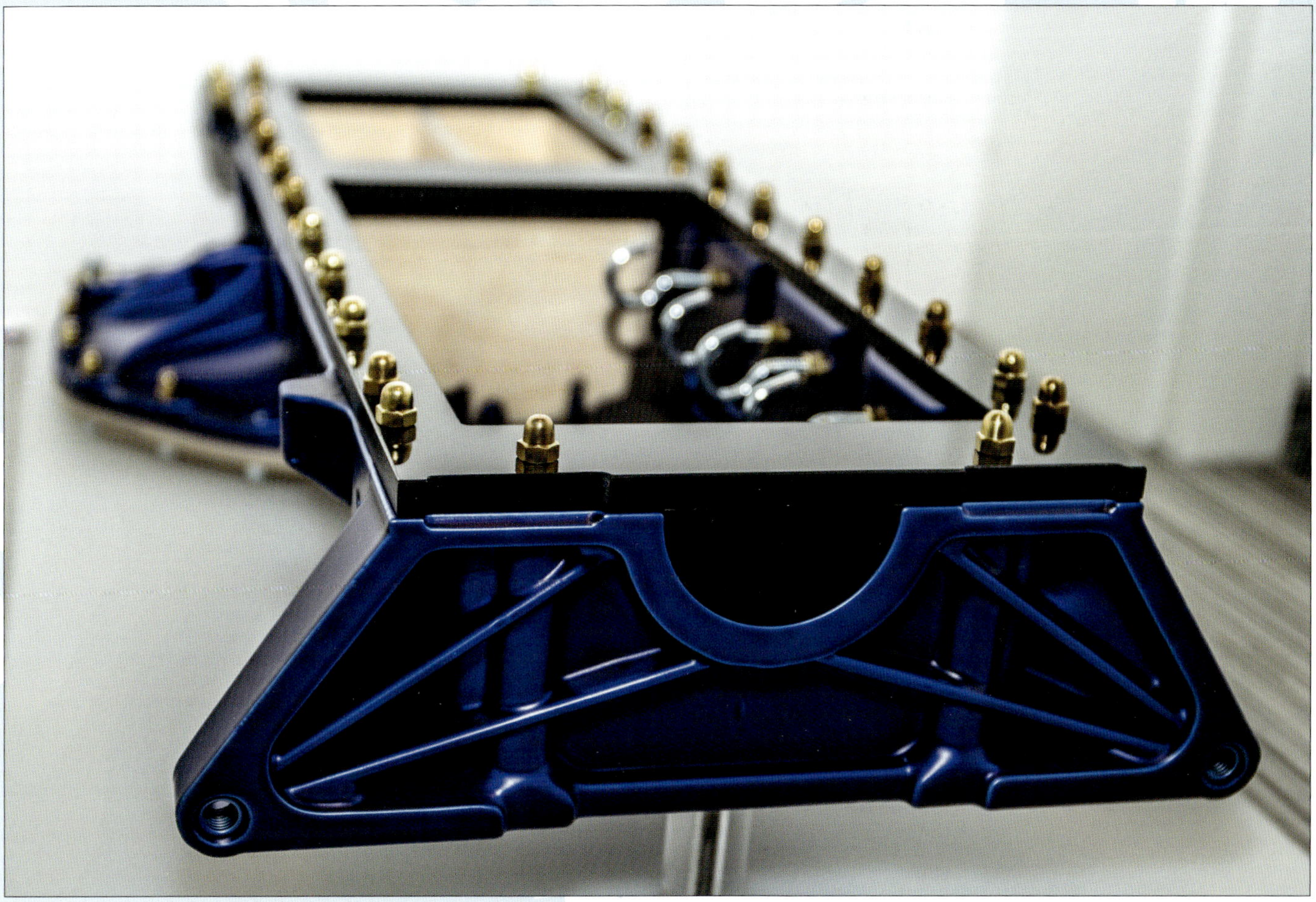

Dieser Porsche-993-Spoiler fährt nicht erst ab Tempo 80 aus. Er will von Hand bedient sein und gibt die wohl edelste Variante des klassischen Schlüsselbretts frei. Gibt's bei Martin Schlund und kostet 2100 Euro.

Der Schlüsselkasten für Mini-Fans: Hier klappt der Grill nach unten, bis zu 25 Haken finden dahinter Platz. Lackierung nach Wunsch. Preis: 910 Euro.

Wandschuhfächer: Die „Glove Boxes“ von Magnus Berns („ferdinand design“) gibt es auch zum Aufhängen, etwa aus einem Citroen C5 oder aus einem Mustang. Preise auf Anfrage.

Ganz leicht selbstgemacht: Der Single-Frame-Grill von Audi ist nicht nur cooler Wandschmuck, sondern dient gleichzeitig als Garderobe. Stabile Haken gibt es im Baumarkt. Den Grill selbst für kleines Geld auf dem Schrott.

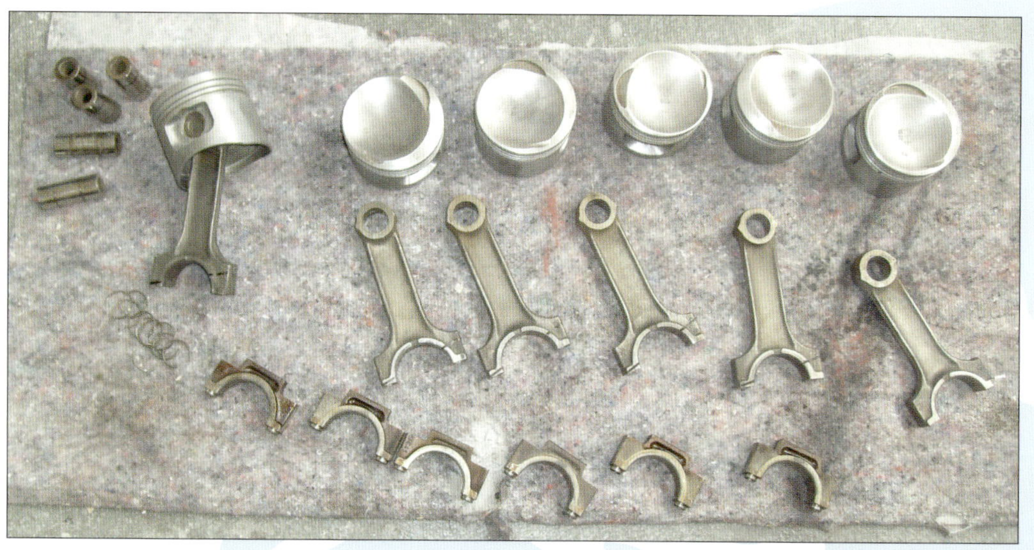

Sechsender: An der Wand ist vom BMW-Motor natürlich nichts mehr zu hören, dafür machen die Kolben samt Pleuel eine ebenso simple wie stilvolle Garderobe. Um die 50 Euro.

Oben: Stilvoller kann man seinen Fernseher fast nicht unterbringen als in dieser schicken Interpretation der Fernsehtruhe, gemacht aus dem Heck eines Morris Minor Traveller. Martin Schlund liefert ihn mit beleuchteten Rücklichtern und Kennzeichen, einem TV-Schubladenelement und 2/3 Reifen auf Felgen für 5800 Euro. Und wenn das Programm mal wieder Schrott ist: Klappe zu.

Rechts: Nein, dieser T2 war nicht zu retten! Er lebt sein zweites Leben …

Links: … als Kleiderschrank mit Kleiderstange, Regalböden, Schuhfach im Motorraum, originaler Heckscheibe, beleuchteten Blinkern und Innenbeleuchtung. 6100 Euro bei www.automoebeldesign.de.

Eine stylischere Vitrine, etwa für Modellautos (nicht nur von Porsche!), ist kaum vorstellbar: Die Motorklappe eines 911 (964) wurde hier mit einer verspiegelten Rückwand (inklusive transparentem Porsche-Wappen), zwei Glasregalen, zwei Plexiglastüren und indirekter Beleuchtung versehen. Der Preis für dieses Schmuckstück: 1980 Euro.

Diese Bar für Frankophile gewinnt ihren besonderen Reiz durch die zweigeteilte Heckklappe. Martin Schlund sägt sie in der Mitte durch und montiert am unteren Rand Scharniere. Die originale R4-Heckscheibe bleibt erhalten. Innen besteht die Bar aus Echtholzplatten und verfügt über eine Innenbeleuchtung. Rücklichter und Kennzeichenbeleuchtung funktionieren. 3600 Euro.

Ganz was Feines war und ist die alte S-Klasse von Mercedes, die nur noch nicht so hieß. Leider hätte die Wiederherstellung der Limousine aus der Baureihe W 109 unverhältnismäßig viel Geld gekostet. So entscheid sich der Besitzer, das Beste herauszuholen und dem Nobel-Benz ein Denkmal in Form einer prima nutzbaren Bar zu setzen.

Das Sideboard aus diesem Fahrzeug beinhaltet nicht nur ein Barfach hinter dem klappbaren Kühlergrill, eine große Ablage mit verspiegelter Rückwand und beleuchtete Scheinwerfer, sondern als besonderen Clou einen Ethanolkamin. www.automoebeldesign.de setzt das Konzept für 5200 Euro um. Dafür hätte man das Basisfahrzeug nicht wiederbeleben können.

Das Mini-Heck wird mit der Wand verschraubt und bietet in der originalen Kofferklappe eine verspiegelte Rückwand, eine Innenbeleuchtung, gebürstete Scharniere, Griffe und Füße. Zudem sind die Rücklichter beleuchtet und der Tankdeckel ist abschließbar. Die Ablage ist aus Echtholz. Der Preis: 3200 Euro. Zu beachten ist: Selbst ein Mini-Heck „hing" einmal an einem ausgewachsenen Auto und weist entsprechende Dimensionen auf. Für ein kleines Ein-Raum-Appartement ist also auch dieses Möbel weniger geeignet.

MINI

Auf Indiens Straßen allgegenwärtig sind Lastwagen des Riesenunternehmens Tata. Sie werden gefahren, bis wirklich nichts mehr geht. Das Wenige, was dann auf dem Schrott landet, lässt sich aber auch noch nutzen, etwa als ausgefallener Bartresen. Mit Glastheke und beleuchteten Scheinwerfern für 879 Euro bei www.more2home.de.

6850457

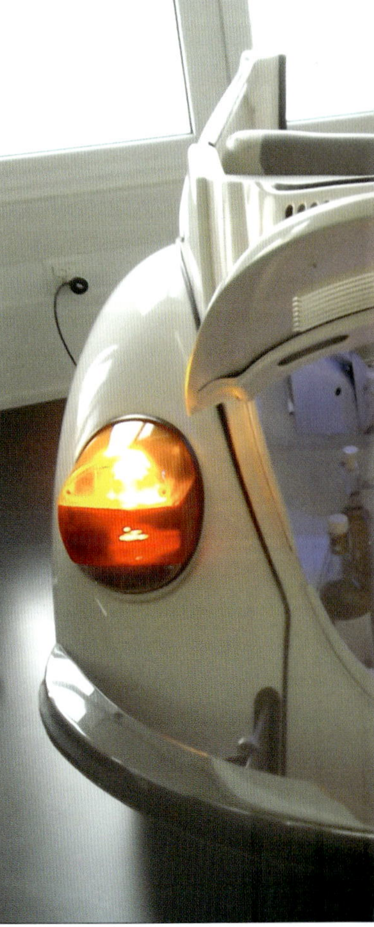

Der Tuk-Tuk-Barschrank kann auch als Raumteiler aufgestellt werden, die Windschutzscheibe wird als Durchreiche hochgeklappt. www.more2home.de, 1319 Euro.

Links: Die indische Bajaj war ursprünglich eine Vespa. Der Antrieb fehlt natürlich bei diesem Konsolentisch mit Holzplatte auf verlängertem Fahrgestell. 1299 Euro, www.more2home.de.

Seidenweich im Abgang dank fünffacher Lagerung. Flaschen und Gläser finden Platz auf dem früheren Lagerbock einer Kurbelwelle. Erhältlich über 511tdw.de, Preis auf Anfrage.

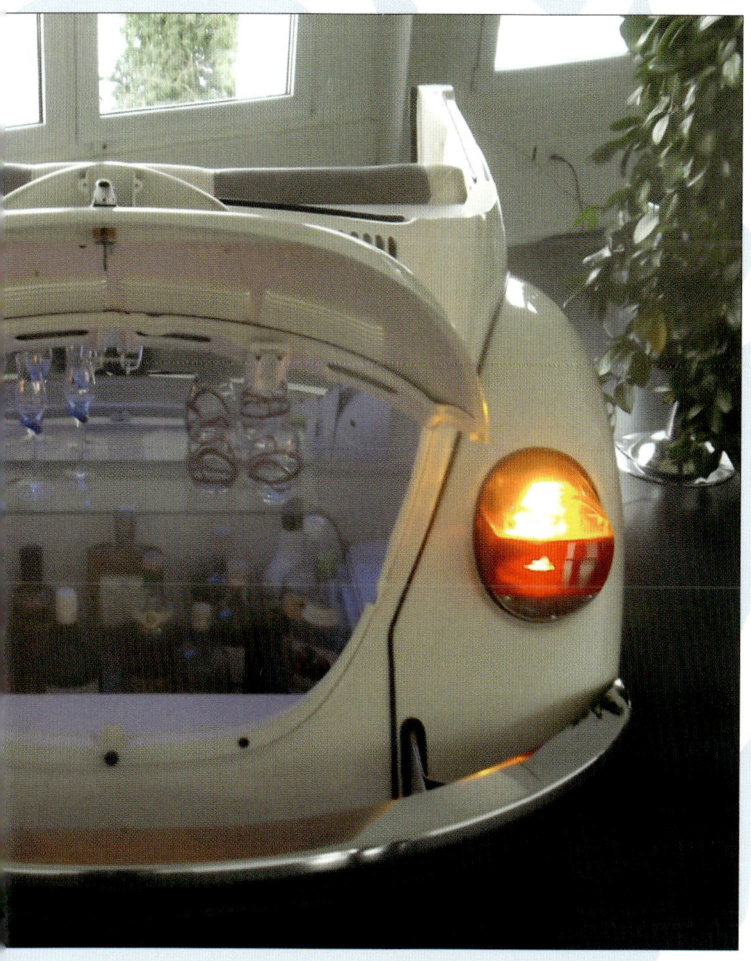

Links: Schnapsglasklasse: Als Antwort auf die Frage nach alternativen Antrieben fließt heute im Käfer-Motorraum ein ganz anderer Sprit. Auf der Rückseite der Minibar lässt es sich dann gepflegt auf der frisch bezogenen VW-Rücksitzbank Platz nehmen. Das Ensemble ist dank Rollen beweglich, Barfach und Rücklichter sind beleuchtet. www.automoebeldesign.de verlangt für die Käfer-Sofa-Bar 5800 Euro. Prost!

Ab ins Bällebad: Dieser BMW E3 geht einer neuen Zukunft …

… als Billardtisch entgegen. Höhenverstellbar, mit seitlichen Ablagen und beleuchteten Blinkern …

… kostet das Prachtstück 9400 Euro. Zwei Queues und Kugeln werden mitgeliefert. www.automoebeldesign.de

Kein antikes Ergometer, sondern ein historischer Pflug: Detailverliebt aufgearbeitet und zum Wohn-Denkmal gemacht hat ihn Andreas Einsiedel (www.511tdw.de).

Blumensäule mit Sternchen: Das feine Accessoire für den pflanzenliebenden Technikfan ist der Kopf eines feinen Mercedes-Sechszylinders.

Kostet fast nix und kann eigentlich jeder selbst: Den größten Aufwand bei der Herstellung dieser ebenso praktischen wie dekorativen Bücherstütze dürfte noch das Reinigen der Teile bedeuten.

Die Kurbelwelle sieht schon als Deko fein aus, man könnte daraus aber auch eine Lampe machen. Der Aufwand ist überschaubar und die Kosten halten sich in Grenzen.

Paradies für Gamer: Wer den Platz hat, lässt sich seine Spielekonsole einfach in ein echtes Auto bauen. Ein großer Flachbildfernseher davor, und der Rennsimulator ist perfekt! Diese „Mini-Playstation“ im Wortsinn fertigt www.automoebeldesign.de sogar mit Bar im Kofferraum. Preis 6700 Euro (ohne Spielekonsole).

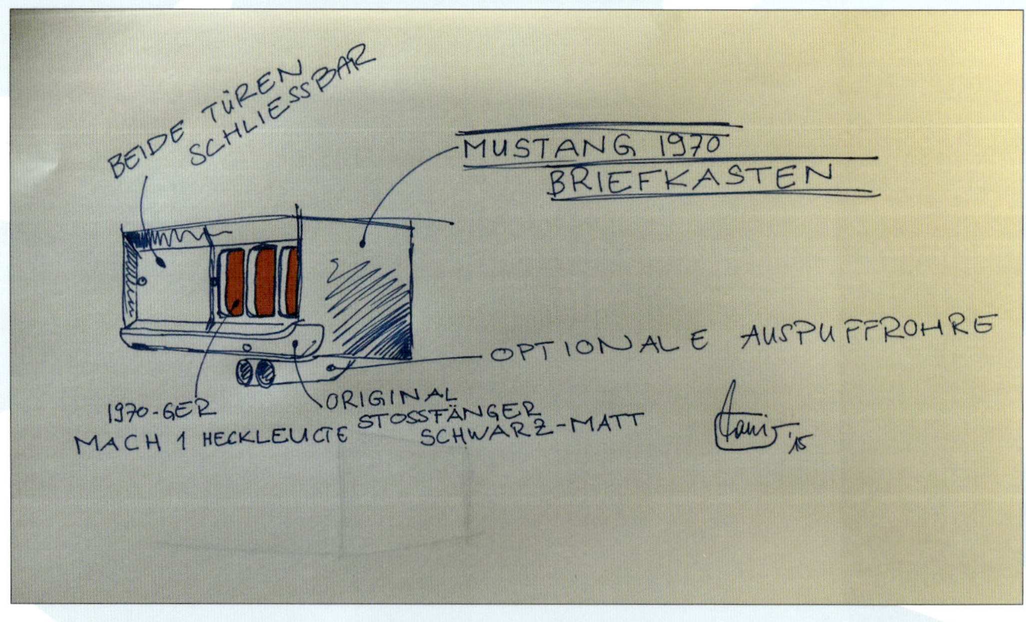

Wenn der Postmann zweimal hupt: Die drei Schritte auf dem Weg zum Mustang-Briefkasten heißen: Entwurf, Montage, fertig.

Motorplastik Für Anspruchsvolle: Bei dieser polierten Metallplastik handelt es sich um ein Werk des Metallbildhauers Peter Schwenk, das für einen BMW-Vertragshändler gefertigt wurde. In seinen Arbeiten geht es dem Künstler aus dem oberbayrischen Maitenbeth nach eigenem Bekunden um Verbindung, Balance und Zuordnung.

Projekt „Kleines Hängeregal“: Mit recht überschaubaren Mitteln lässt sich dieses unkonventionelle Regal anfertigen. Als Plattenmaterial eignen sich hier Glas – in der aufwändigen Variante mit gestrahltem Markenlogo – oder auch Kunststoff (Acryl). Je nach Einrichtung des Raums erfährt diese Regalvariation durch Verwendung von Holz (Buche oder Eiche) noch mal eine ganz andere Betonung. Das Befestigungsmaterial wie Schraubösen und Stahllitze stammen aus dem Baumarktsortiment. Als Teilespender diente in diesem Beispiel ein BMW M-Triebwerk, dessen Aufbereitung sich als unwirtschaftlich erwies. Zur Befestigung an der Raumdecke dient eine Hilfsplatte, an der die Stahlseile ebenfalls an Schraubösen befestigt werden. Aus Symmetriegründen hat die Platte dieselbe Form wie die Tischplatte. Die ganze Konstruktion wird mit zwei Befestigungsschrauben (je nach Größe des Regals mit 6- oder 8-mm-Schrauben) an der Decke fixiert.
Das Hängeregal eignet sich zum Beispiel perfekt als außergewöhnliche Präsentationsfläche für Modellautos.

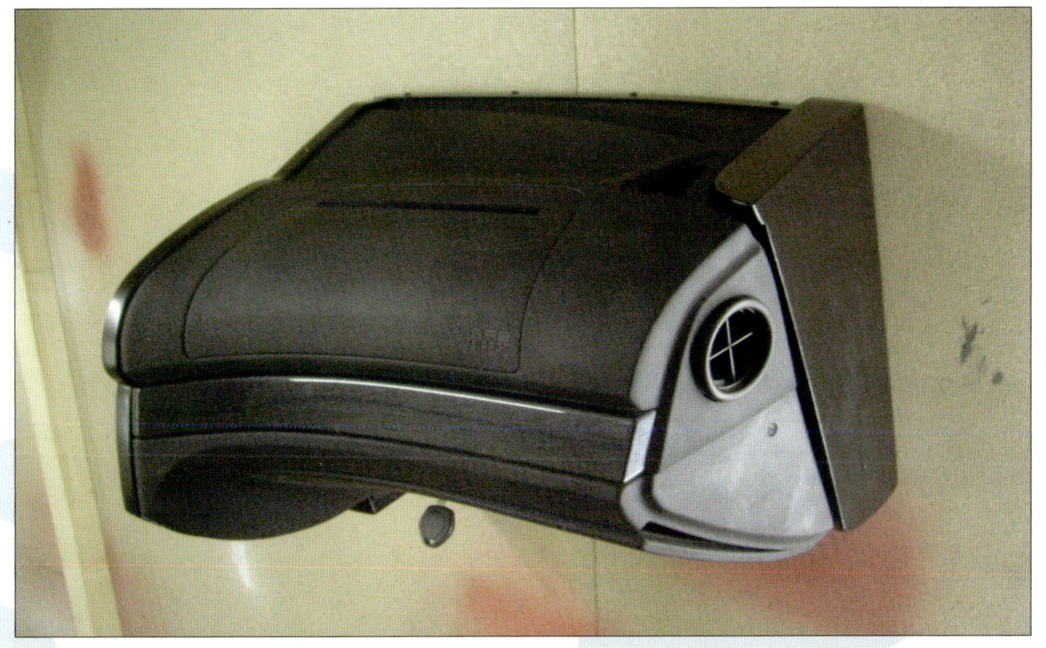

So einen ausgefallenen Briefkasten hat nicht jeder. www.automoebeldesign.de hat ihn aus dem Handschuhfach eines BMW E39 angefertigt, grundsätzlich ist aber jedes andere Modell denkbar. Preis: 690 Euro. Für draußen taugt der Kasten freilich nicht.

Eine Arbeit, die nicht ganz ungefährlich ist: Die Airbageinheit muss ausgebaut werden, die Abdeckung dient später als „Einwurf".

Damit das Handschuhfach überhaupt plan an einer Wand befestigt werden kann, konstruiert Martin Schlund eine Halterung aus Holz.

Der Kontakt zur Oldtimer-Szene.

Oldtimer-Zeitschriften gibt es reichlich. Wenn aber ein Magazin seit über 30 Jahren die Nr. 1 ist, muss es schon etwas Besonderes bieten: Monat für Monat tausende von Kleinanzeigen, hunderte von Terminen, Tipps und Tricks aus der Praxis für die Praxis und jede Menge faszinierender Geschichten aus der Welt der Klassiker. OLDTIMER MARKT garantiert jeden Monat den besten Kontakt zur Szene. Mit Lust, Leidenschaft – und viel Liebe zum Detail.

Viele starke Seiten.